U0209150

"国防重器及战例集萃"丛书编委会

主　编　王景堂　肖裕声

副主编　曹卫东　刘　波　王　林

　　　　夏延献　刘济华　崔树森

　　　　王　维　刘　娜　寒　雪

国防重器及战例集萃·国防重器

天上辎重

运输机

主　编　王景堂　肖裕声

副主编　王　林　王　维　寒　雪

编　著　一　剑　寒　雪

北方联合出版传媒（集团）股份有限公司
辽海出版社

图书在版编目（CIP）数据

天上辎重——运输机 / 王景堂，肖裕声主编.—沈阳：
辽海出版社，2021.12

ISBN 978-7-5451-6059-8

Ⅰ.①天… Ⅱ.①王… ②肖… Ⅲ.①运输机－世界
－青少年读物 Ⅳ.①V271.2-49

中国版本图书馆CIP数据核字(2021)第247495号

出 版 者：北方联合出版传媒（集团）股份有限公司
　　　　　辽 海 出 版 社
　　　　　（地址：沈阳市和平区十一纬路25号　邮编：110003）
印 刷 者：辽宁新华印务有限公司
发 行 者：北方联合出版传媒（集团）股份有限公司
　　　　　辽 海 出 版 社
幅面尺寸：170mm×240mm
印　　张：10.25
字　　数：190千字
出版时间：2022年3月第1版
印刷时间：2022年3月第1次印刷
责任编辑：孟祥斌　钱栋存
特约编辑：王庆芳
封面设计：方加青
版式设计：方加青
责任校对：李子夏

书　　号：ISBN 978-7-5451-6059-8
定　　价：60.00元

购 书 电 话：024-23285299
市场营销部：024-23261806
网　　　址：http://www.lhph.com.cn
版权所有，翻印必究
法律顾问：辽宁普凯律师事务所　王　伟
如有质量问题，请与印刷厂联系调换
印刷厂电话：024-31255233
盗版举报电话：024-23284481
盗版举报信箱：liaohaichubanshe@163.com

以文弘道，止戈为武

中华民族是一个热爱和平的民族，自古就有"和为贵"的传统，以"大同天下、和睦共处"为理想。中华民族又是一个尚武的民族，自古就有文治武功的愿景，以文弘道，止戈为武。说到底，"尚武"的目的还是为了"止戈"，即争取和平。

中国几千年的历史，就是和平与战争并存的历史。先人们为了民族的繁衍生息，被迫与入侵者争战疆场，秦修长城为固边，汉御匈奴为安居……和平来之不易，武备不稍松懈。

进入近代以来，中华民族屡遭磨难。西方列强凭借坚船利炮，破我国门，杀我同胞，掠我金银。百年屈辱，号天不灵，只缘自身不硬。在苦难中，多少仁人志士奋起抗争，前仆后继，青史留名。历史的拐点，始于中国共产党的诞生。它高举马列主义大旗，实践武装革命，推翻三座大山，建立中华人民共和国，开启了民族复兴的征程。如今，四十多年改革开放让我们的国家走向强盛。但世界仍不太平，霸权主义阴魂不散，恐怖袭击搅得世界不宁。我们的社会主义事业需要和平安宁的外部环境，然而和平并非唾手可得。我们主张通过谈判解决争端，但是，霸权主义、强权政治往往只考虑自身利益，而置世界和平于不顾。面对挑战，我们只有顽强抗争才能维护自己的主权和发展利益。毛主席曾提出"人不犯我，我不犯人；人若犯我，我必犯人"的自卫原则，这是中国人民对待战争的态度。

要赢得战争，就得有实力。实力从何而来？习近平主席曾指出：一个国家是否强大不能单就经济总量大小而定，一个民族是否强盛也不能单凭人口规模、领土幅员多寡而定。近代史上，我国落后挨打的根子之一就是科技落后。就是说，科技在某种程度上可以决定国家的实力。同时，习主席强调："重大科技创新成果是国之重器、国之利器，必须牢牢掌握在自己手上，必须依靠自力更生、自主创新。"他还说："科技兴则民族兴，科技强则国家强。""只有把核心技术掌握在自己手中，才能真正掌握竞争和发展的主动权，才能从根本上保障国家经济安全、国防安全和其他安全。"这就给我们指出了增强国家实力的良方。要发展科技，就必须增强全民的科技意识，而其中的关键是培养和造就科技人才。

鉴于此，辽海出版社邀请军事、科技专家组建"国防重器及战例集萃"丛书编委会，组织编写军事科普读物18种，从国防重器，如航母、潜艇、轰炸机，到重要的常规武备，如坦克、火炮、装甲战车等，作了通俗而详尽的介绍。应当指出，丛书主要介绍了国外装备，然而他山之石，可以为我攻玉。这套丛书可以成为青少年增强科技意识、发扬尚武精神的好读物，从而为国家培养军事科技人才打好科普基础。

青少年朋友们，你们是祖国的未来、民族的希望，也是建设和保卫中国特色社会主义事业的可靠力量。中国人民站起来了，富起来了，但真正强大起来还得靠你们。你们使命光荣，任重而道远。愿你们奋发振作，努力学习，敢于创新，勇攀科技高峰，使自己成为能文能武、能征善战的时代英雄。我们诚心地将这套军事科普丛书献给你们，聊作你们新长征路上的一点给养。

青少年朋友们，努力吧！

王景堂

2020年10月1日

　　谈起运输机，我们不由得想到自己旅行坐过的飞机，有很多座椅，有美丽的空姐、帅气的飞行员，主要作用是运输人员和货物。其实不然。

　　那么什么是运输机呢？

　　实际上，严格来讲，运输机叫分为两种，一种是民用运输机，还有一种是军用机，全称就叫军用运输机，本书就将带你走进军用运输机的世界。

　　军用运输机是第一次世界大战后在轰炸机和民用运输机的基础上发展起来的。到了第二次世界大战时，由于空降、空投、空运行动频繁，军用运输机在技术上逐渐成熟，迎来了发展高峰。第二次世界大战结束后，由于飞机发动机功率的提高，军用运输机进入了高速发展期。

　　军用运输机的外形也和民用的不一样，机身舱门宽敞，便于装运坦克、直升机等重型装备，而且舱门可分为前开、后开和侧开式，这样方便坦克、汽车等重型装备的直接装运和卸载。另外，运输机还带有各种起重设备、传送装置，便于紧急时刻迅速展开装卸作业。最重要的是飞机起降对机场条件

要求很低，可以在各种恶劣环境下起降，这一点是民用运输机望尘莫及的。

军用运输机的主要任务是空运军事人员、散装货物、大型或超大型车辆、直升机等。世界上最大的运输机竟然能运输航天飞机。当然，作为军队使用的运输机不仅仅只是运输这么简单，大型军用运输机摇身一变还可以充当预警指挥、加油、轰炸、电子对抗等特种作战飞机，可以说运输机已经超越了单纯"运输"两个字的范畴。

伴随着世界军事技术的不断创新，未来的军用运输机还可能成为执行其他特殊使命和任务的大型空中平台或基地。例如可以作为航天器（包括卫星）的空中发射平台等。实际上早在1974年，美国空军就从大型军用运输机C-5上发射了"民兵"式火箭。之后，俄罗斯、乌克兰和法国都有过类似的方案和计划。另外，大型运输机还可以作为激光武器的发射平台。这些计划是否能变为现实，就让我们拭目以待吧！

《天上辎重——运输机》一书几乎囊括了世界上所有的著名军用运输机，并对它的生产背景、技术性能及主要衍生机型作了详细的介绍。本书一共分八章，从运输机的出现到世界经典运输机再到决定战争走向的运输机战例等，都有翔实的图文分解。为您一展本机种异彩纷呈的过去、现在和未来，也让您在运输机的海洋里体会其别样的风采。

Chap. 1

第一章　走进运输机的世界

Chap. 2

第二章　美国运输机

Chap.3

第三章　苏俄运输机

Chap.4

第四章　德国运输机

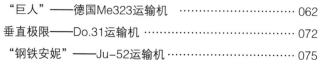

Chap.5

第五章　英国运输机

Chap. 6

第六章 其他国家运输机

Chap. 7

第七章 改变世界历史的运输机

Chap. **8**

第八章　运输机
　　　与战争

走进运输机的世界

第一章

Chap.1

军用运输机，顾名思义就是用于运送军事人员和物资的飞机，包括人员、武器装备、后勤物资等。军用运输机的优势是有着较大的载重量和续航能力，能很好地完成空运、空降、空投等任务，能保障地面部队从空中实施快速机动。除了这些，它还配备了完善的通信、领航设备，能在复杂气象条件下进行各种战斗任务。

什么是运输机

　　说起运输机，很多人会想，不就是一个大一点儿的飞机吗？和陆上的货车一个道理。但是运输机可比货车复杂得多，精密得多。

　　运输机根据大小可分为普通运输机与战略运输机；从用途上来分，有军用、民用（货机）、通用运输机；从速度上分，有亚声速运输机、超声速运输机以及高超声速运输机；从航程分，有中程运输机和远程运输机；按载重可以分为中型和大型等。在这里我们主要说一下军用运输机。

　　军用运输机就其使用性质可划分为三种：战略、战术和全程运输机。

　　运输机具有在复杂气候条件下飞行和在比较简易的机场上起降的能力，有的还装有自卫的武器及电子干扰设备。

　　当今世界的军用运输机，比较有代表性的机型主要有 C-5M 超级银河运输机、KC-46A 运输机、C-17 运输机、安 -124 运输机、安 -22 运输机、伊尔 -476 运输机等。

　　目前，世界上承载重量最大的运输机为乌克兰安东诺夫设计局研制的安 -225 "哥萨克人" 运输机。

➤ 即将起飞的运输机

不同运输机的用途

那么，运输机的用途都有哪些呢？具体有以下几种。

1.军用运输机

军用运输机最大的优势是载重量和续航能力很强大，能长距离地运送各种物资，以保障地面部队可以从空中对敌方实施快速机动，以达成战争目标。另外运输机还配有完善的通信和领航设备，不管是白天还是黑夜，不管是刮风还是下雨，都可以正常飞行。它的主要构成部分为：机身、动力装置、通信设备、领航设备、起落装置和操作系统等。最大的优点是：宽阔的机身舱门，前、后或侧方能打开，大型装备和物资可以快速装卸。采用的动力装置是：2～4台涡轮风扇或涡轮螺旋桨大功率发动机。多采用装有升降机械且可以调节离地高度的多轮式起落架，便于夜战条件下的装卸作业。

（1）战略运输机

战略运输机是一种可以进行远距离运输、大兵量运输和大型武器装备运输的军用运输机，这类运输机的优点是载重大、航程远，一般军用运输机的起飞重量在250吨以上，载重量在80吨以上，正常装载航程超过10000千米，空降、空投和快速装卸是它的看家本领，但是此类运输机对起降要求比较高，需要在远离作战地区的大、中型机场起降，但如果有必要也可在野战机场起降。它还可以运输洲际导弹发射车、重型直升机以及空射弹道导弹等大型武器装备。代表机型有美国的 C–5 运输机，俄罗斯的安 –22、安 –124 运输机，乌克兰的安 –225 运输机等。

（2）战术运输机

战术运输机是指可以进行短距离飞行、空降伞兵、后勤补给、运送伤员和空投军用物资的军用运输机，这类运输机的特点是：载重小，对起降要求比较低，有较好的短距起降能力。战术运输机一般是中小型飞机，可运送 100 多名士兵，起飞重量在 60 ~ 80 吨，载重量在 20 吨左右；大多采用的是涡桨发动机，最小航程 3000 千米；最高巡航时速为 700 千米 / 时。代表机型有美国的 C-130 运输机、乌克兰的安 -12 运输机。战术运输机的作战区域主要在前线战区。

（3）全程运输机

全程运输机，听名字就可以知道这种运输机的特点，它兼顾多种运输机的特点，既有战略运输机的航程远和载重大的特点，又有战术运输机可以在简易跑道起落的能力，它从实质上改变了现代空降作战和空运支援的面貌。如果和民用运输机来比的话，全程运输机相当于波音 787 这种点到点航班，全程运输机的使用简化和加速了空运过程，也可以将重型装备直接空运到需要的地方。

▶ 老式运输机

2.民用运输机

民用运输机就是我们平时出行乘坐的飞机，与军用运输机不同的是，民用运输机主要追求舒适度与经济效益。比较有名的民用运输机如波音系列飞机、空中客车系列飞机等。

运输机的发展历史

自从第一架飞机成功上天后，飞天就成了许多人的心愿，大多数人想乘坐飞机在天上飞行，但他们只是想体验一下飞行的快感，没有利用飞机从这个地方到另一个地方的意识。1911 年 2 月 10 日是一个特殊的日子，第一次用飞机运输物品就在这一天，一个叫蒙斯·佩凯的英国的飞行员用

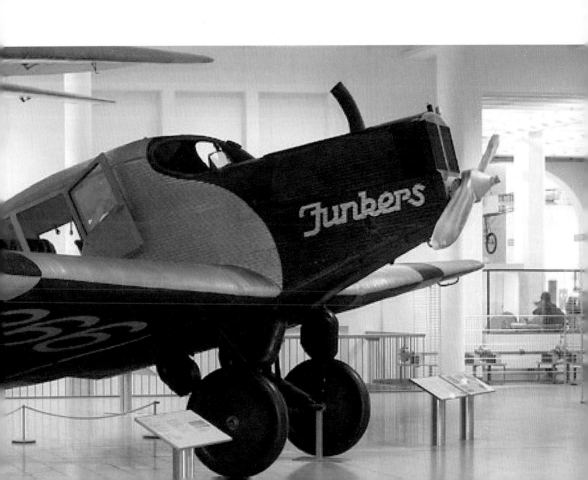

飞机为邮政局运送了第一批邮件，这次飞行揭开了飞机运输的序幕；同年7月初，世界上第一次成功的客货空运诞生了，一位叫霍雷肖·巴伯的英国飞行员用飞机将一名女乘客和通用电气公司的一纸箱"奥斯拉姆"灯从肖拉姆运送到指定位置。而这些最早的空运使用的机型并不是专门的运输机，多为普通的双翼机，所以它们还不能算是现代运输机的起源，但却是一种伟大的尝试。1916年，世界上第一家用飞机运输和旅游的空运公司由英国的乔治·霍尔特·托马斯创建。1919年8月25日，世界第一条定期国际航班：伦敦—巴黎的航班由飞机运输和旅游公司开辟了。

但是，由于没有专门的运输机，当时用于空运业务的飞机大多是由军用飞机改装的，不能满足运送货物和乘客的需求，所以急需研究适合运输乘客和货物的飞机。为此，1919年，德意志魏玛共和国的容克斯公司和福克公司决定，设计制造一种专门用来运输的小型运输机，以满足当下的需求。就这样，最早的全金属结构运输机F-13由容克斯公司研制出来了，福克公司则制造出以钢质机身结构、木质机翼和布质蒙皮为特点的F-II和F-III。这就是最早的专用运输机的雏形。

1933年是有着重要意义的一年，这一年是运输机高速发展的时期。美国的波音公司于2月8日用改进后的波音247D型运输机载着10名乘客进行第一次试飞，拉开了载人运输的序幕。这架运输机的巡航时速为300多千米/时，航程最远可达1200千米。

1933年7月1日，美国道格拉斯公司成功研制了DC-1型运输机，后来又升级为DC-2型，它的载客量是16人，航速为274千米/时，最大航程为1900千米。波音247D和DC-2的成功，标志着现代运输机正式诞生，因为这两种飞机在结构、性能、乘坐舒适性上与早期的运输机相比有了显著的提高。所以它们一经问世，大量订单也就接踵而来。

1935年，道格拉斯公司推出有史以来最有影响的运输机——DC-3。DC-3的出世是航空运输的里程碑。DC-3可谓之前运输机的升级版，它的最高载客量达到36人，航速为290千米/时，最大航程为2400千米。DC-3的产量也是十分惊人的，一共生产了约11000架，几乎覆盖了世界上所有的航空公司。苏联也曾大量仿制过 DC-3，也就是后来的里 -2。另外，波音公司和道格拉斯公司研发的运输机是最先采用了光滑的承力金属蒙皮的悬臂式下单翼设计、襟翼、变距螺旋桨、可收放式起落架、机体除冰设备、自动驾驶仪、双套操纵系统和飞行仪表的公司，它们为现代运输机的发展奠定了坚实的基础。

1943 年 1 月，美国洛克希德公司研制出世界上第一种采用密封舱的运输机——"星座"式飞机，并进行了第一次试飞，这种设计直接提高了高空飞行时的舒适性。也为今天的大多数运输机提供了借鉴。

运输机的设计特点

军用运输机在作战条件下对机场和航路的适应性，以及主要通过尽量缩短在战区起降装卸时间体现的生存能力的特点，决定了作为一种武器系统的效能。所以军用运输机根据所要执行的任务，而必须要具有以下设计特点。

1. 总体特征

大多数大型军用运输机采用的都是：上单翼设计、翼吊涡扇发动机、椭圆形宽机身、上翘的后机身 + 货舱后大门、单垂尾 + 高平尾；机翼采用大展弦比超临界翼型，高升力或增升装置包括前缘缝翼或前、后缘襟翼 + 外吹式襟翼系统等，以满足低空空投、空降操纵稳定性要求并缩短起降滑跑距离。

雷达舱和驾驶舱位于机身前部，气密货舱位于机身中段，并且在舱内备有各种装卸及固定设备，这样可以灵活更换。为了让飞机在低强度混凝土跑道和简易场地起降，主起落架设计成了多轮多支柱结构。起落架收放及地面操纵由电液系统控制，并有机械式备份装置。

2. 动力装置

大型军用运输机对动力的要求比较高，至少高于民用运输机 30%，这样适于翼吊安装低油耗的先进涡扇发动机。大型军用运输机通常装两台以上大推力涡扇发动机，这个发动机多由民用大涵道比涡扇发动机改型而成。单、双发都可以起降，空中停车再启动也不在话下。民用大涵道比涡扇发动机的最大推力已超过 400 千牛，起飞耗油率降至 0.4kg/（daN·h）。比如美国的 C-17 战略战术运输机，这种运输机装备的是 F117 发动机，是第二代大涵道比涡扇发动机，和第一代相比除了大风扇叶片特有的气动结构外，还采用了准三维气动设计方法、可控扩散叶型、单晶涡轮叶片、小展弦比风扇叶片、粉末冶金涡轮盘、主动和被动的压气机和涡轮间隙控制、全权数字电子控制系统和短舱消声技术等节能发动机计划的许多新技术。

3. 系统结构

运输机采用的多为大型气密舱，内部结构比较多变，根据需要可以快速转换，以适应不同尺寸的载运装备或空投货物，为了提高使用寿命，结构是按疲劳损伤容限设计的，为了减轻结构重量提高载重航程性能，采用了一定比例的经济型复合材料。另外，后大门周边密封、货桥大门功能、大门系统功能可靠性及防差错设计、门锁机构和舱门作动系统、门开启后防抖动设计等也是主要的设计，还有气密载荷作用下非圆剖面的大开口结构强度设计，气密舱结构细节抗疲劳设计和大载重货舱地板设计，大型空投设备和大型货物装卸设备设计及大型货物拦阻网结构设计，零部件、全机三防（防湿热、防盐雾、防霉菌）设计等。

4. 航空电子系统

为了提高系统自动化程度，以有效减轻飞行机组人员的工作负担，各国的大型军用运输机采用的多为先进成熟的综合化的航空电子系统；为了提高全天候执行任务和快速装卸能力，运输机多采用先进的通信、导航系统和"玻璃驾驶舱"；为了提高在敌后空投、空降时的战场生存力，加装综合电子战自防护系统；为了降低全寿命期费用，强化了系统监控、故障诊断能力。另外，军用运输机具有先进的飞行控制、飞行管理系统和高性能的地形测控雷达，这是因为军用运输机经常要在复杂的气象条件下、在没有标记或不熟悉的航线上飞行。为了确保飞行安全、使用可靠，所有系统设计均为多余度。

随着技术的革新，今后运输机的航空电子系统将向高度综合化、通用化、模块化、智能化的方向发展。高度综合化的目的是，减小系统的体积和重量，进一步提高系统的信息利用和资源共享能力，提高系统的可靠性、可维修性、可测试性、可扩充性、通用性和生存能力，减轻对后勤保障的要求，降低全寿命周期费用。航空电子与控制应优先发展的关键技术有航迹管理、飞行员/飞行器界面、航空电子与控制综合、控制功能应用、飞机能源和作动器等方面。

未来的运输机

要说大型运输机领域哪家最强，俄罗斯当仁不让。俄罗斯有着非常雄厚的技术基础，许多国家都购买过俄罗斯生产的运输机。俄罗斯为了获取更大的市场，又开始了新一代战略运输机的研制。

新一代隐身运输机的名字叫 PAKTA，是由大名鼎鼎的伊留申航空集团设计。目前伊留申航空集团已经成为联合航空制造公司下属的一个子公司。下页图便是 PAKTA 的正面概念图，从图中可以看出它的外形十分科幻。

该型隐身运输机可以实现超声速飞行，能够装载 200 吨的货物，比美国现在最大的运输机 C-5 的装载量多出整整 80 吨。如果这种飞机研制成功，那么必定会成为俄罗斯航空工业王冠上最光彩夺目的明珠。

同传统的运输机相比，新一代隐身运输机 PAKTA 的机身要宽大得多。

按照俄罗斯制定的计划,准备在2024年之前建造80架PAKTA隐身运输机,这些隐身运输机足以运送400辆最新的T-14坦克。PAKTA服役之后,意味着俄罗斯的战略空运能力将得到极大的增强。

提出新一代运输机项目的不仅仅有俄罗斯一家,美国也不甘落后,提出了新一代隐身运输机设计概念。

1. 美国的下一代运输机

通常情况下,飞机性能决定了军用飞机设计决策,能源消耗对飞机设计的影响则是次要的,但随着燃料成本的提高以及预算的减少,这种决定因素有着剧烈的转变。能源逐渐取代性能成为限制飞机设计的关键约束力,这可能重塑飞机设计观念。

➤ PAKTA 隐身运输机的模型

2. 洛克希德隐身运输机概念

目前，美国空军正在想尽办法来降低燃料消耗，为此他们花费大量时间来研究运输机和空中加油机队，因为每年航空燃油总量的 2/3 是被运输机和空中加油机消耗掉的。尽管可以用编队飞行，翼梢小翼以及其他的减阻装置来降低燃油消耗，但这并不是长远之计。

空军研究实验室的 RCEE 高能效颠覆性布局项目表明：显著降低燃油消耗将可能是飞机设计观念的最大变化。

RCEE 项目的第一阶段已经在 2009 年 11 月启动，这一阶段的目标是新研发的下一代空中运输队的燃油消耗比现在降低 90%。2011 年启动了 RCEE 项目的第二阶段，这一阶段各公司将致力研究特殊的飞机布局来降低运输机对燃油的消耗。

➤ 双发的 HWB 运输机

在第一阶段，波音公司提出了混合运输编队的概念，这种编队能达到燃油消耗减少 90% 的目标：有效载荷为 20 吨的全电绗架翼型设计；有效载荷为 40 吨的分布式推力混电设计；有效载荷为 100 吨的翼身融合混电设计。在第二阶段，波音公司密切关注分布式推力、混合燃料推进设计。

洛克希德·马丁公司为了达到燃油消耗减少 90% 的目标，在第一阶段对飞机布局以及各种技术进行了大量的研究，研究表明翼身融合混合布局可能对降低燃油消耗具有最大潜能。在第二阶段，洛克希德·马丁公司进一步细化了 HWB 概念，HWB 概念是翼身融合布局和传统布局的结合，机体前部采用翼身融合布局，这种布局具有高效率的空气动力学性能和结构，后部采用机身加尾翼传统布局，这种布局有利于运输机的空运特别是空投。

采用双发的 HWB 布局的飞机可以携带 220000 磅（约 100 吨）的有效载荷（包括 C-5 运输机可以运输的所有特大货物），起飞距离不到 6500 英尺（约 1981 米），飞行距离可达 3200 海里（约 5926 千米）。由于 HWB 采用了新发动机，具有高效的空气动力学性能和更轻的结构，与波音公司研制的 C-17 运输机相比，HWB 布局飞机将可以降低 70% 的燃油消耗。洛克希德·马丁公司航空工程师里克·胡克说："如今我们的技术已经成熟，我们可以制造出这种飞机并且经济上可承受。"

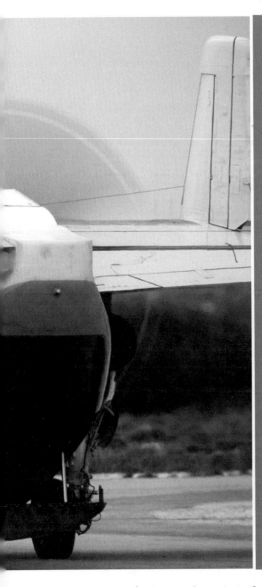

第二章

美国运输机

Chap.2

现代战争将以信息化为主导，由于战争的突发性强、强度高、节奏快、物资消耗巨大等原因，对作战部队提出了新的、更高的要求：快速反应、机动作战和持续作战能力等。这时，从某种程度上来讲，一个国家空中输送能力的强弱，是决定战争胜负的重要因素之一。

航母补给——C-2运输机

C-2运输机的前身是E-2"鹰眼"飞机，它的主要用途是为航空母舰舰载机运输货物。它可以完美对接约克城号和汉科克号航空母舰上的升降机与甲板机库，既可以用弹射装置起飞，也可采用拦阻方式降落。C-2运输机与E-2的许多零部件可以通用，所以它们的性能也差不多，都具有相似的全天候飞行能力。C-2运输机一共生产了3架预生产型，其中一架用于静力试验。于1964年11月18日进行第一次飞行，随后交付海军使用。1966年开始大批量生产，作为C-1飞机的补充，交付美国海军舰上运输部队。

C-2运输机采用的是悬臂式上单翼，翼根安装角4度、翼尖1度。采用铰链式前缘。外翼是可活动的，可向后折成与机身平行的角度。外翼后缘及部分中翼后缘构成大翼展副翼。配备的是悬臂式尾翼，由4个垂尾和

➤ C-2运输机

3 个方向舵组成。尾翼没有反角，两台发动机分别吊于机翼下。

C-2 运输机的机翼用的是当时流行的全金属的机翼，中段机翼还是特有的 3 梁盒式结构，外段机翼则是由一个双向液压作动筒完成向后折的结构。全部机翼都使用了机械加工的蒙皮。另外机身和尾翼也是采用全金属设计，简直就是一架金属构造的"钢铁雄鹰"。

C-2 运输机配备的起落架是当时较为流行的液压收放前三点式起落架。只是细节部分稍有不同。这套起落装置的前起落架的前轮是双轮，可以转向、可以向后收起，但主起落架却是单轮的，向前收起的，这样便于旋转放入发动机短舱的后部。起落架还装有油气两用的减震器、液压刹车系统和液压操纵可收放尾部保护座。A 型拦阻钩装在尾翼的下部。

C-2 运输机的发动机用的是 2 台艾利森公司生产的 T56-A-425 涡轮螺桨发动机，最大推力 9820 轴马力，分别驱动一个半径为 2.05 米的 N-41 型 4 叶恒速全顺桨、桨矩可逆的螺旋桨。主油箱位于中翼，共有两个，总容量为 6950 升。机身两侧还配有两个副油箱，这两个油箱的总容量为 2839 升。另外，C-2 的主机舱还能放置一个容量为 3786 升的油箱，这样可以让 C-2 飞得更远。

C-2 运输机的驾驶舱能容纳 3 人。高强度货舱装有与地板平行的滑轨。运输机的座舱可选择装载 3 个 2.74 米 × 2.24 米的大货盘或 5 个 2.24 米 × 1.37 米的中货盘。其他机舱可运送 39 名士兵，也可以放置 20 副担架和 4 名医护人员。

到了 20 世纪 80 年代时，C-2 运输机的弊端日显，于是又研发出 C-2 灰狗式运输机，这款运输机是 E-2 空中预警机的衍生型号。用以取代由活塞引擎推动的 C-1 型舰载运输机的舰上直接装卸角色。C-2 灰狗式运输机使用的还是 E-2 原有的机翼及动力装置，但并没有全部照搬，而是扩大了机身的容量，在机尾部设有装卸坡道以方便运输。C-2 灰狗式运输机于 1964 年试飞成功，1965 年正式投产。但是原有的 C-2 运输机并没有退出历史舞台，它们于 1973 年进行大修，延长了其服役期限。

1984 年，美国军方批准新的生产合约，决定采购 39 架新型号的 C-2

型运输机来代替已经老化的旧型机。新型号机种被称为 C-2 及 C-2（R），新机型外观与原有的 C-2 几乎一样，但新机型对很多地方进行了重要的改良：实质的机体改良、机体与航空电子系统的改良。1987年所有老旧的 C-2 正式开始淘汰，1990 年最后一批新型机也交付美国军方使用，完成了新旧换代。

C-2"灰狗"式运输机配备了 2 个艾利森 T56 型的涡轮螺旋桨发动机，有效载荷量在 4000 千克以上。机舱随时切换客货模式，可以便捷地容纳货物和乘客。另外，为了减少伤亡，机舱还配置了能够运载伤者、执行医疗护送任务的设备，能在短短几小时内，把需要优先处理的人员和货物直接由岸上基地紧急运输送到航空母舰上。

另外，为了 C-2"灰狗"式运输机可以在航空母舰上快速装卸物资，该机型上还配备了运输架和载货笼系统、大型的机尾坡道、机舱大门和动力绞盘等设施。最重要的是，飞机还有一个 C-2 型的开放式匝道，可以让其以航空母舰作为流动基地，进行物资和人员的空投。另外，折叠的机

➤ C-2"灰狗"式运输机

翼设计和辅助动力系统的设计,为起飞和着陆提供所需的电力。最重要的一点是飞机的辅助动力系统,便于其在偏远地区运作,也使 C-2 "灰狗" 式运输机成为一种多功能的舰载运输机,这也是它独有的优点。

1985 年 11 月,代号为 VR-24 的美军运输机中队驾驶了 7 架改装后的 C-2 及 C-2(R)运输机,开始了运输生涯。在短短的 15 个月之内,这 7 架运输机一共投递了 909 吨邮件、搭载了 14000 名乘客,为欧洲和地中海战场提供了有力的帮助。这一案例充分体现了 C-2 "灰狗" 式运输机的搭载量和高备用能力。

另外,这些 C-2(R)型运输机的成功还体现在对美国航空母舰战斗群的重要支援作用上,这一点在沙漠之盾行动、沙漠风暴行动以及后续的伊拉克战争期间得到了证明。

C-2(R)型 "灰狗" 式运输机的最初设计寿命不是很长,为 10000 小时飞行时间或 15000 次航空母舰上着陆。但是进入 2000 年以后,美国在海外进行的军事行动变得频繁,使得 C-2(R)运输机被频繁使用,很快就接近运输机的着陆上限。这与美国海军计划 C-2(R)型运输机最少服役至 2015 年的愿望不符。针对这种情况,美国海军进行了一项名为 "Critical Service Life Extension Program(简称 SLEP)" 的运输机服役期延寿计划,以延长 36 架 C-2(R)运输机的服役年限来维持频繁的军事行动。这项计划的目的是,将 C-2(R)型 "灰狗" 式运输机的飞行年限提高 5000 小时或 6000 次航空母舰上着陆,这样可以增加服役年限。这项计划可使现役的 36 架 C-2 "灰狗" 式运输机顺利服役至 2027 年。

另外,该计划还包括其他部位的性能提升,包括强化了主机翼的结构,加入最新的导航系统——全球定位系统和凯恩斯二型导航系统,并加装近地警告系统以及额外的飞行事故防撞录音系统。2005 年 9 月 12 日第一架升级后的 C-2(R)离开美国加州圣地亚哥海军基地开始服役,其余飞机的升级工程于 2013 年前全部完成。

当时还有很多人认为,C-2 "灰狗" 式运输机会被新研发的运输机所取代,但这一幕并没有发生。美国海军并没有任何取代 C-2 "灰狗" 式运

➤ 航母上的 C-2 运输机

输机的计划或研发取代其地位的机种。

　　1967 年，首批 17 架飞机的生产完成。该型机一共生产 58 架，现有 36 架在海军服役。

飞行车厢——C-119运输机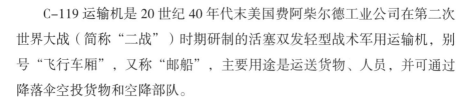

　　C-119 运输机是 20 世纪 40 年代末美国费阿柴尔德工业公司在第二次世界大战（简称"二战"）时期研制的活塞双发轻型战术军用运输机，别号"飞行车厢"，又称"邮船"，主要用途是运送货物、人员，并可通过降落伞空投货物和空降部队。

　　C-119 运输机的设计理念是从 1944 年开发成功的 C-82 军用运输机演变而来。换句话来说 C-119 运输机是由 C-82A 运输机改装而成的，只不

过飞机的各部位都在原有的基础上做了修改，比如：发动机换成了R4360空冷活塞发动机，驾驶舱被挪到机头前端，改良了驾驶员的视界，修正了机翼与起落架强度不足的问题，机舱的宽度调大了0.36米，而且改装了地板可以搭载重型物资；另外，机翼面积也加大了，尾翼也做了修形。

改造后的C-119运输机成为一架个性十足的飞机。它有着双尾梁的布局风格，尾梁前端装有两台发动机，一片平尾两片梯形垂尾把尾梁后端连接起来，短舱形式的机身位于中央翼的中部，前面是5人制驾驶舱，尾部是蛤壳状货门，这样可以方便货物从双尾梁之间进行装卸，十分便捷。机头还可以带一个雷达罩。起落架也做了改动，可以分别收入机舱内与发动机舱后部。机翼也做了改动，改为平直上单翼形式，中央翼下反角变化很大，外翼微微向上反，这样空降时方便伞兵从机身侧面小门跳下。

另外，C-119运输机开创了重物空投的先河，它还可以进行伞兵空降作业，在C-130运输机服役前是西方国家广泛使用的战术运输机。

C-119运输机在朝鲜战争期间作为部队的设备运输工具展开了广泛的

➤ C-119运输机

行动。1950 年 7 月，4 架 C-119 被送到 FEAF 进行服役测试。2 个月后，C-119 飞机装备了第三一四部队运输集团，并在整个战争期间在韩国服役。1950 年 12 月，中国人民志愿军部队在朝鲜江东里和兴南之间的撤离路线上的一个狭窄点上炸毁了一座桥，阻止"联合国部队"撤离，三一四部队运输集团派出了 8 架美国空军 C-119 飞机用于通过伞降的方式降落便携式桥梁。该桥由 8 个独立的 16 英尺长、2900 磅重的部分组成，每次降落一段，每段使用两个降落伞。这些部分中的 4 个，连同额外的木制延伸件成功地重新组装成由海军陆战队战斗工程师和美国陆军第五十八工程师替换的桥梁，使"联合国部队"逃到兴南。

1951—1962 年，C-119C、F 和 G 型号飞机在欧洲和远东地区的美国空军中作为第一线战斗货运飞机服役，并在欧洲第六十部队作为货运运输飞机来运输物资。首先在德国，然后在法国，大约有 150 架飞机从格陵兰

➤ 飞行中的 C-119 运输机

到印度的航线上往返。在太平洋和远东地区服役的飞机数量类似。

空军将 C-119 转换成 AC-119，每架装备有 4 个座舱、氙灯探照灯、夜视观察、火炬发射器、消防控制计算机和 TRW 消防控制安全显示设备，以防止火灾。1968 年 12 月 1 日，AC-119 中队改名为"阴影"。C-119G 被修改为 AC-119G"阴影"和 AC-119K"刺痛"，它们成功地用于在越南的近距离空中支援任务和对胡志明小道的卡车和人员的拦截任务。在 1973 年，当美国部队撤出时所有的 AC-119G 被转移到越南南部。

许多 C-119 作为军事援助计划的一部分提供给其他国家，包括比利时、巴西、埃塞俄比亚、印度、意大利、约旦和南越。这种类型的飞机也被加拿大皇家空军使用，直到 1962 年，美国海军和美国海军陆战队使用的名称为 R4Q，之后它们也被重新指定为 C-119。

运输之星——C-141运输机

C-141 运输机由美国洛克希德公司（洛克希德·马丁公司在 1995 年之前叫洛克希德公司）佐治亚州分部研制，是美国空军主力战略运输机之一，它创下了两个第一，世界上第一种完全为货运设计的喷气式飞机和第一种使用涡扇发动机的战略运输机。

作为美空军主力战略运输机之一，C-141"运输星"运输机于 1965 年开始装备部队，2006 年正式退役。C-141 的主要任务是运送人员和物资。虽然它的货舱和后来出现的 C-5 和 C-17 运输机相比有点小，但是装载长达 31 米的大型货物也不在话下。它的货舱在载人情况下，可一次运载 208 名全副武装的士兵或运载 168 名携带全套装备的伞兵。最关键的一点是，除了可以运输大量的人员外，它还可以运送"民兵"战略弹道导弹。另外，C-141 也是一款极其安全的运输机，在海湾战争期间，C-141 是主力运输机，一共执行了 37000 架次的运输任务，大部分飞机能准时抵达目的地。

当然，C-141 的发展历程也并非一帆风顺。该机一共有两种机型：一种是 C-141A 基本型，首批的 127 架飞机，曾在越南战争和中东战争中发挥了重要作用，在中东战争期间为以色列空运输过大批作战物资。1967 年，由于越南战争的需要，军方曾两次追加订货，使总订货数达到 279 架。

　　另一种机型是 C-141B 型，它和 A 型的最重要的区别是加装了空中加油设备，所以航程比 A 型更远。但因为空中加油设备是后期加装的，这就有了不得已的苦衷，除了设备突出于机体之外，还增加了一部分阻力，这有点得不偿失。C-141B 的空中加油装置配合美军加油机的硬式加油管，能够在 26 分钟里为飞机加 89649 公升油料。

　　那么为什么要改装 B 型运输机呢？因为 A 型货仓容量太小，运输物资时严重浪费燃料，为此洛克希德公司对 270 架 C-141A 的机身进行改装，机翼前部加长了 4.06 米，机翼后部加长了 3.05 米，这样使得货舱容积一下子增加 61.48 立方米，解决了 A 型货仓小的难题。

　　另外，为了使飞机的升力分布更加合理，寿命延长，飞机还改装了机翼根部的整流罩。改装后的 B 型的服役时间比 A 型最多多 18 年。改装工作 1976 年开始，1977 年 3 月原型机 YC-141B 第一次试飞，1979 年 12 月第 1 架交付使用，1982 年 6 月 270 架全部改装完毕。

　　C-141 的货舱设计是非常人性化的，受到工作人员的一致好评。例如：飞机常配的是平坦的货舱地板，这样方便运送车辆、小型飞机等带有轮子

➤ C-141 运输机

➤ C-141 运输机

的货物；当需要装卸箱装货物的时候，也可以快速地更换成带有滚轴的地板。另外，C-141 可以在舱壁上加装临时座椅，也可以在地板上加装座椅，这样可以运送更多的人员。C-141 驾驶舱的配置一般为 5 人，包括正副飞行员各一名、飞行工程师两名、装卸员一名。

下面再来看发动机，C-141 一共配备了 4 台发动机，都是普惠公司的推力为 9193 千克的 TF33-P-7 涡轮风扇发动机。但作为运输机，C-141并没有配备自卫武器。如此强大的动力让 C-141 运输机创下很多记录，2005 年，C-141 运输机完成了向南极这个冰雪世界往返飞行 40 年的壮举，在最后一架 C-141 运输机飞回美国后，这一壮举被载入史册。C-141 也成为美军第一种降落在南极的大型喷气飞机。在过去的 40 年里，C-141 运输机在这条线路上一共飞行了 4.5 万小时，向新西兰的斯科特基地和美国的科学考察基地麦克默多站运送人员和必需品。为此当时的南极新西兰执行主任卢·桑森说了这样的话："C 141 运输机向南极飞行了很多的路程，运送了许多的物资，它们是南极的重负荷运载工具。"曾任南极战略空运指挥官的格温·哈里森说，虽然 C-141 运输机为南极作出巨大的贡献，但是这种飞机的乘坐感觉却不是很舒服。因为 C-141 运输机机舱里的座位

➢ C-141 驾驶舱布局

设计不是很好，太挤了，如果长时间飞行，人们只能面对面、膝对膝地这样坐着，连腿都伸不开，非常痛苦。

从 1963 年开始到 1968 年是 C-141 的生产高峰期，这六年时间里，洛克希德公司的玛丽埃塔工厂一共生产了 285 架 C-141 飞机。而 1967 年是生产的巅峰期，这一年里一共生产 107 架。

2006 年 5 月，美国空军国家博物馆接收到了美国空军送来的最后一架 C-141"运输星"军用运输机，这标志着 C-141 运输机正式结束了它的 43 年飞行生涯。作为世界上第一架采用涡扇发动机的运输机，C-141 运输机一直是战略空运部队的主力机型。自 1965 年服役以来，该机一共创下了 1060 万小时的飞行任务纪录。

C-141 运输机还参与过多次军事作战，如越南战争、伊拉克战争等，除了为美国军队提供了创纪录的保障外，还完成了对近 70 个国家进行人道主义救助的运输任务这一壮举。

C-141 最著名的编队是匀速机队，这个机队一共有 284 架飞机，总共飞行时间为 10645726 小时，这样平均下来每架飞机的平均飞行时间接近 40000 小时。另外一架 "运输星" 改装成了民用 L-300 运输机，并成为一家公司的验证机，后来由 NASA 作为机载观测平台。

现如今，大部分 C-141 运输机已经退出历史舞台。有 13 架被送往博物馆进行静态展示，还有 251 架在退役后被送往戴维斯·蒙森空军基地的航空航天维修和再造中心，并最终在那里被拆解。

在 C-141 运输机的飞行历史上，有三件引人注目的大事：

1969 年，美国 "阿波罗 11 号" 第一次载人登月成功后，一架 C-141 运输机完成了把从月球返回的宇航员及密封舱从夏威夷运回休斯敦的任务。

1973 年 2 月 12 日，在越南河内附近的嘉林机场，一架 C-141 运输机将第一批越战期间的战俘运送回美国。

1973 年 10 月，在 "赎罪日战争" 中，C-141 飞行员们飞行了 421 架次，帮助以色列运送了 10000 吨设备及供给品。

发展之星——DC-1运输机

说起 DC-1 运输机的诞生也是富有戏剧性的，它是为了改善维护性要求而专门设计研发的。

1932 年 8 月 2 日，美国跨大陆及西部航空公司（简称 T&WA，后更名为环球航空公司）向航空工业界公布了设计规格，他们决定研发一架更新颖的飞机。新飞机要求：全金属单翼设计；2 台增压发动机且每台功率不小于 500 马力；驾驶舱双人设计，客舱载客量不低于 12 名；航程不小于 1738 千米，最大速度不低于 298 千米 / 时；巡航速度不低于 235 千米 / 时，爬升率 366 米 / 分，实用升限不低于 3048 米。以当时的技术水平来说，这些要求并不算什么难题，但是 T&WA 却有一个吸引眼球的设计：要求飞机要具备在一个发动机失去动力，且满载的情况下，在 T&WA 的任意一个机场都有良好控制的条件下起飞的能力。于是这个设计就开始实施了，除了波音外，通用航空、马丁、联合、寇蒂斯和道格拉斯这些飞机制造企业都收到了设计规格书。

当时为了满足美国商用航空局的设计要求，各大航空公司决定研发一种全新的运输机，这种运输机要更安全、更易维护，强大的波音公司率先取得成果，推出了全金属双发动机单翼飞机——波音247。这个新的设计使得波音247一经推出，一下子成为当时最先进的运输机，美国航空头脑一热，一次订购了60架，如此庞大的订单，使得波音的生产组装线一下子处在了满负荷运转的状态，这也导致其余想订购这种飞机的航空公司成了空欢喜，他们只有等到美国航空这60架飞机交付完毕才可以订购，这是其他航空公司不能接受的。就是这样一个事件给T&WA带来了机遇，T&WA迅速启动了研制新一代旅客机的计划，来满足其他航空公司的需求。

➤ DC-1运输机

其他公司当然不能等待，这时道格拉斯推出了新研发的 DC-1，经过测试性能不输波音 247。DC-1 的客舱空间很大，足够乘客站起来，这在当时是一项前所未有的创新，也是波音 247 无法比拟的。另外，为了增加强度，它还采用了一体式中央发动机舱 / 机翼结构段。外翼是用螺栓固定在中央翼上的，这种做法可以在维护机翼时变得简单。DC-1 的采用的是 700 马力的发动机，并在外面加装了发动机整流罩，这让飞机的阻力变得更小。就这样，DC-1 瞬间成为了当时最先进、最受争议的运输机。但美中不足的是道格拉斯的设计只配备两个发动机，这就意味着要想满足美国商用航空局的设计要求，就必须达到单发动机起飞能力。就在道格拉斯的工程师为单发动机起飞而担忧时，T&WA 订购了 DC-1，这让道格拉斯的工程师长舒一口气。

1933 年 6 月 23 日，在加利福尼亚的圣莫尼卡组装工厂，第一架 DC-1 成功完成。它一下子超越了波音 247 成为当时最大的班机，而且外形更圆润。DC-1 的客舱一共有 5 排座椅，中间有过道，能容纳 10 名乘客。

内部布置也有多项创新，比如低票价座席、第一次在旅客机上应用的隔音设施、盥洗室、客舱暖气等。另外，DC-1 采用的是莱特旋风 SGR-1820-F 空冷星形发动机，每个功率为 690 马力，驱动汉密尔顿标准公司的 3 叶变距螺旋桨，正是变距螺旋桨的采用满足了 T&WA 的单发起飞要求。DC-1 运输机全长 18.29 米，翼展 25.91 米，全高 4.88 米，最大速度 338 千米 / 时，最大起飞重量 7938 千克，巡航速度 306 千米 / 时，每一项都超过 T&WA 的要求，另外，航程超过 1622 千米，实用升限达到了匪夷所思的 7010 米！

1933 年 7 月 1 日，在克劳沃机场的跑道上，道格拉斯的试飞员卡尔·卡沃和福瑞德·赫曼第一次试飞了 DC-1。第一次试飞中化油器出现了故障，导致最后只能草草结束，但这毫不影响飞机的出色表现。随后的 3 个月里，DC-1 完成了工厂、T&WA 和商用航空局联合试飞，这也让 DC-1 成功获得美国商用航空局型号认证。DC-1 进行过的测试项目中最引人注目的就是当时工程师最害怕的项目——T&WA 单发动机飞行测试，但是测试

➤ 装载中的 DC-1 运输机

效果却让所有人眼前一亮，试飞机组驾驶着只使用一个发动机的 DC-1 从 T&WA 海拔最高的机场——新墨西哥州阿尔伯克基飞到了亚利桑那州温斯洛。这项测试的成功让 T&WA 相当满意，并在 1938 年 12 月接收了这架 DC-1。让人想不到的是 T&WA 仅支付了 12.5 万美元就购买到这架飞机，但道格拉斯制造这架原型机却花费了巨资，很多人觉得道格拉斯这场交易亏大了，但随后的是，他们与 T&WA 签署了首批 20 架"改进型"DC-1 订单，这些飞机将增加座位，型号定为 DC-2。

为了增强稳定性，DC-1 在经过测试后对最初的设计进行了一些改动，增大了垂尾的面积，更换发动机，使用普惠的 SG-D 大黄蜂发动机，改进后的飞机称为 DC-1A，试飞效果还不错。

就这样，无论军用，还是民用，在订购时各大航空公司都可以根据自身要求，在莱特或普惠发动机中任选一种。另外，T&WA 订购的飞机都安装了莱特旋风发动机。更让人惊喜的还在后面，T&WA 和道格拉斯公司用

➢ DC-1 图示

这架 DC-1 打破了多项世界速度纪录，其中最重要的一项是，以 438 千米/时的平均速度飞行 5000 千米，并横跨美国大陆。不可思议的是，这架"客机"甚至绕着当时的陆军和海军战斗机飞行！

由于这架飞机的优越性能，导致对 DC-1 感兴趣的不仅是航空公司，美国陆军航空队也需要 DC-1 来组建一支现代化的军用运输机部队。

1933 年 6 月，DC-1 在陆军航空发展中心所在的莱特机场做了短暂的停留。在此地，陆军和道格拉斯试飞员驾驶这架旅客机进行了性能展示。虽然陆军十分喜欢 DC-1 的性能特点，但是他们还是想等改进型号出来再决定。最后 T&WA 将这架"战绩辉煌"的 DC-1 卖给了著名富翁霍华德·休斯用来进行速度竞赛，后休斯又将飞机转卖给了西班牙政府。1940 年 12 月，这架 DC-1 结束了自己的"生命"，它在马耳他机场的一次起飞中因发动机故障而坠毁。

"大力神"——C-130运输机

C-130"大力神"是20世纪50年代服役的一种四发涡桨多用途战术运输机。它是由美国洛克希德公司也就是后来的洛克希德·马丁公司研制的。

说起C-130不得不说柏林封锁事件,因为它诞生在柏林封锁事件发生后。战后,苏联和西方盟国之间的矛盾到了不可调和的地步,苏联为了向西方盟国施加压力,逼其妥协,决定封锁其他地区通往西柏林的所有陆上道路。因为在停战协议中,此时西柏林是盟国的占领区,如果道路被封锁,当地就无法获得外界物资,居民就只有靠盟国救援才能生存下去。苏联就是抓住这个弱点,认为只要封锁西柏林一段时间,盟国必然会乖乖"投降"。

➤ C-130运输机

➤ 训练中的 C-130

　　但苏联的如意算盘却打空了，他们没想到盟国也不是软脚虾，盟国不仅没有让步，还开始了一项不计成本向西柏林空运物资的行动，这次行动让苏联的计划泡汤。在苏联将近一年对西柏林的封锁中，盟国通过空运昼夜不断地向西柏林运输物资。而通过这次史无前例的长时间的空运，世界各国也意识到战略空运的重要性，认为拥有出色的运输机是至关重要的。

　　研发运输机，美国先行一步，1951年，美国空军向各大飞机制造公司发出了新型运输机的技术招标，这次招标时间为两个月，新运输机的技术要求是：可以一次运送92名步兵或64名全副武装的伞兵，要有空投伞兵用的侧舱门；能够运输大多数的装甲车辆、火炮和卡车等大型货物，货

▶ 夜航中的 C-130

舱主舱门能让车辆直接进入，可在简易跑道上进行短距起降；航程必须达到 1980 千米，最大载重需达到 13.608 吨；能在 225 千米 / 时的低速条件下做稳定的掠地飞行；能在一台发动机失灵的情况下正常飞行。

标书一下达，引起了各大公司的竞争。著名的臭鼬工厂，也就是洛克希德公司的先进技术设计部门很快地推出了代号为 L-206 的原型机的设计

方案，这个方案成功战胜了其他厂家的设计方案，1952 年 11 月，洛克希德公司获得了美国空军的原型机制造试验的合约。不到两年洛克希德公司完成了原型机 YC-130 的制造，并在加利福尼亚州伯班克完成第一次飞行。空军对试验非常满意，随后两年里一共订购了 27 架 C-130。1955 年 4 月 7 日，第一架生产型的 C-130A 成功试飞，1956 年 12 月 9 日正式交付美国空军，从 1956 年 12 月开始进驻阿德莫尔空军基地的第四六三战术空运联队成为这次的幸运儿，是第一个装备这种新型运输机的美国空军部队。

C-130 的的特点是：机身采用上单翼、四发动机、尾部大型货舱门的布局，令人没有想到的是，这一布局为战后的中型运输机的设计"标准"画上了一条分界线。为了彻底地满足战术空运的实际要求，C-130 进行了许多符合要求的改动。例如：机身用了铝合金半硬壳结构做的大型的尾部货舱门，全金属双梁受力蒙皮结构机舱，长度为 14.63 米的机械加工的整体加强变厚蒙皮设计壁板，铝合金制成的有调整片的副翼，两套独立液压系统供压的串联式液压助力器，富勒铝合金后缘襟翼，和可以用发动机引气防冰的机翼。种种设计使得 C-130 成为最适合执行各种空运任务的运输机。

这里不得不说的是 C-130 的货舱门，它采用了很少见的上下两片开启的设计，重要的是能在空中开闭，不要小看这一点，掠地平飞空投的时候，空中舱门放下时是会形成一个很好的货物空投平台，更方便物资空投，这一优势是其他运输机不能比拟的。而且该舱门也是整机气密结构中的重要一环。各种 C-130 的货运型都可以贴地投放 11 吨重的货物。投放时，飞机达到贴地飞行的状态后，舱门随后打开，这时先拖出一个钩子，钩子的另一端与货盘和货物相连，当钩子与地面空投场上的钢索啮合时，货物就被从后舱门拖出。由于货盘有能量吸收系统，货物滑行 30 米后停下。当货物超过 22 吨时，需要使用条带降落伞将货物从货舱中拖出。

C-130 的起落架收起时处在机身左右两侧突起的流线型舱室内，这个主起落架舱设计得很是巧妙。这个设计的优点是起落架舱不用占用主机身空间，使得主机身的结构能够连续完整，可以使货舱的设计更加完美。

另外一个优点是，为了在不平坦的简易跑道上稳定滑行，左右主轮距设计得较宽。就拿 C-130J 来说，它的长度为 16.76 米，货舱的尺寸为长 12.19 米，高 2.74 米，宽最大 3.12 米、最小 3.04 米，其余尺寸与其他机型相同。上述尺寸与以往的 C-130 型号接近，可运载军用标准的 463L 货盘（2.24 米 × 2.67 米）。C-130J 能运送 5 个上述货盘。

以 C-130J 为例，C-130J/J-30 采用大量数字技术，加上 APN-24 低功率雷达的高清晰地貌对照能力、彩色液晶显示器和双 GPS/INS 系统，可以轻松地执行单机或编队全天候空投任务。C-130J/J-30 携带相同数量的燃料，机内油箱 25549 升，机外副油箱则为 10479 升，合计 36028 升，并具有空中加油能力。J 型的可维修性得到了很大的改善。按美军维修规则计算，维护 J 型的人力可由维护 E/H 型的 4875 人减至 2994 人，减少了38%。假如以 98 架的 C-130 机队作标准，寿命周期成本可以减少 35%。除了可维护性的改善，数字控制的涡桨发动机、数字电子设备、任务计算机和 MIL-STD-1553B 军用数据标准等在降低寿命周期成本方面也起了很大作用。

截至 2015 年 C-130 的任务损失率大约在 15%，低于一些战斗机（A-4 战斗机约 20%）而高于一些轰炸机（B-52 轰炸机约 10%）。

1958 年 9 月 2 日，美国空军第七四〇六航空支援中队的一架 C-130A-Ⅱ型在执行任务时，抵近侦察苏联，进入苏联领空，被苏联国土防空军 4 架米格 -17 战斗机击落，机上 17 人全部死亡，这成为了 C-130 第一次任务损失。

1958 年 9 月 19 日，驻法美军第三一七运输机中队的一架 C-130 在法福勒上空与一架法国空军超级神秘战斗机相撞，C-130 机组 6 人全部死亡，法军飞行员死亡。

1959 年 5 月 20 日，驻日美军第八一五运输机中队的一架 C-130A57-0468 在日本兵库县着陆时由于引擎发生故障坠毁，机组人员死亡，地面人员 9 人丧生。

1969 年 3 月 24 日，一架英国皇家空军 C-130C.1XV180 在格洛斯特郡费尔福德附近进行例行训练时冲出跑道扎进附近农田爆炸，6 名机组成员死亡。

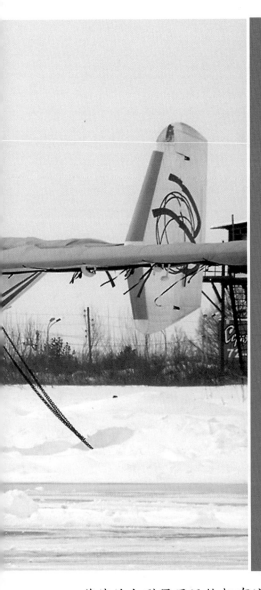

第三章

苏俄运输机

Chap.3

苏俄的大型军用运输机有这样的特点：速度快、运载能力大、航程远，可以快速空运兵员、作战装备与军用物资到达指定地点，对作战部队实施快速部署或补充，以尽快形成对敌方的最大战略威慑。当威慑力量起到作用时，甚至可以免动兵戈，而当这种部署不能震慑敌对势力时，这支威慑力量就可以迅速投入战斗。

中小短——安-32运输机

　　安-32运输机是一种双发中短程运输机，是由苏联安东诺夫设计局研制的。同时它也是安-26的发展型，设计目的是为了在高温、高原机场上使用。

　　安-32运输机的机身和安-26大致相仿，但是发动机功率比安-26的大，这也是它能在海拔4000～5000米的机场上起飞的原因。1976年安-32进行第一次试飞，1977年5月在巴黎航展上展出。

　　1985年有一个特殊的日子，这一天安-32进行了飞行表演，这次表演创造了14项正式纪录：10月25日，安-32载重2吨爬升到11760米的高度；11月5日，安-32载重5吨爬升到11230米的高度。

　　安-32运输机有两台发动机，装载的是具有5180马力的伊伏琴柯АИ-20M涡轮螺桨发动机，这种发动机的功率是安-26的两倍，起飞总重也增加3000千克，起飞性能和实用升限有了很大的提升，为了保证飞机在海拔5000米的高原机场起飞，每台发动机单独驱动一副直径4.7米的四叶螺旋桨，为了使桨叶尖离地有足够距离，发动机安装位置高于机翼

➤ 安-32运输机

> 安 -32 运输机起飞

上表面，右侧发动机整流罩后面有一台 А Г -16M 辅助动力装置，可用于在地面起动时给发动机供电和供气。

安 -32 运输机的人员配备为 5 位，分别为驾驶员、副驾驶员、领航员、无线电通信员和飞行工程师。舱内有可吊 2 吨重货物的活动电绞车，沿舱壁两侧分别有一排折椅，客舱可以搭载 39 名乘客或 24 名担架伤员和一名医护人员。

安 -32 运输机的空调系统使用的是来自每台发动机第 10 级压气机的热空气，在每个发动机短舱内有热交换器和涡轮冷却器。主液压系统和应急液压系统工作压力 151.7×10^5 帕，用于刹车、起落架收放、前轮转弯、襟翼操纵和螺旋桨桨叶顺桨操纵。电源系统是两台由发动机驱动的 27 伏直流发电机，还配备了一台由辅助动力装置驱动的备用直流发电机，每台发动机驱动一台 115 伏 400 赫单相交流发电机，变流器将其变成 36 伏 400 赫三相交流电供各系统使用。还配有 3 个应急蓄电池。驾驶舱内和货舱内均有供氧系统。

安-32 运输机通信导航设备有两台甚高频无线电收发机、一台高频收发机和机内通话设备、两台自动测向器、无线电高度表、下滑航迹接收机、下滑坡度接收机、信标接收机、气象导航雷达、航向陀螺和飞行记录仪等。选用设备有飞行指引仪、天文罗盘、自动驾驶仪和空投瞄准仪。

多功能——安-38运输机

安-38 运输机是由乌克兰安东诺夫航空科研技术联合体（原安东诺夫设计局）研制的一种双发涡桨轻型多用途支线运输机。它装备气象雷达和飞行自动控制系统，使用寿命为 3000 小时。

安-38 运输机是由安-28 运输机演变而来，它们的区别是：安-38 运输机换上了新的发动机，并加长了机身，这样可以装载更多的物资，飞得更远。另外，安-38 运输机的机轮或滑橇能在未铺设跑道和零下 50℃ 到零上 45℃ 的环境下使用。

1991 年安-38 在巴黎航展上第一次出现在人们的视野中，首批一共出厂了 6 架，第一架原型机于 1996 年 6 月 23 日完成首飞，1996 年第四季度获国际民航组织型号合格证，投入批量生产；计划四年中一共生

➢ 安-38 运输机

➤ 安-38 运输机

产 350 架。主要型号有安 -38-100，前两架原型机安装的是联信公司的
TPE331 发动机，第 4、第 5 架，安装 TVD-20 发动机（第 3 架飞机用做
静力试验）；安 -38K-100 的改进型，左侧设计成一个大舱门，可以装载
4 个 LD-3 或 5 个 LD-3K 集装箱，拆除载货设备可装 30 个座椅。这样安 -38
就变成了客 / 货运输、要人专机、巡逻、测量等多功能飞机。

　　安 -38 用的动力装置是 2 台 Omsk "火星" TVD-20 涡桨发动机，
每台功率 1029 千瓦，搭载 AV-36 低噪声变距螺旋桨；也可以换成 2
台 TPE331-14GR-801E 涡桨发动机，每台功率 1118 千瓦；或者 2 台
RKBMTVD-1500 涡桨发动机，每台功率 956 千瓦，油箱的容量为 2860 升
（安 -38K）。座舱可以容纳一正一副两位驾驶员，客舱每排可以放置 3
个座位，最多可以放置 27 个座位。另外，还可以可根据需要安排客 / 货
混合运输。

　　安 -38 的翼展 22.06 米，飞机长度为 15.54 米，高度为 4.30 米，螺旋桨的
直径是 2.85 米，主轮距是 3.43 米，前主轮距 6.27 米，货舱容积为 23.50 立方米。

　　安 -38 运输机重量数据: 空重 5.087 吨(-100 型)，最大商载 2.5 吨(-100

型），3.2 吨（K 型），最大燃油重量 2.21 吨（–100 型），最大起飞重量 8.8 吨（–100 型），9.4 吨（K 型）。

安 –38 运输机的正常巡航速度 350 ~ 380 千米 / 时，起飞滑跑距离 350 米（–100 型），480 米（K 型），着陆滑跑距离 270 米（–100 型），440 米（K 型），平衡起降场长 850 米，航程 600 千米（–100 型，载 27 人，45 分钟余油），340 千米（K 型，带最大商载），1480 千米（K 型，载 1.8 吨，最大燃油）。

涡轮桨王——安–70运输机

安 –70 运输机是一种依靠涡轮桨扇发动机的四引擎战术运输机。它是由乌克兰安东诺夫航空科学技术联合体（原安东诺夫设计局）设计制造的，也是世界上涡轮桨扇运输机中载重量最大的运输机。

安 –70 的研发工作开始于 1980 年，苏联计划设计一种新型的中程运输机，以满足战略和战术运输的双重需要，进而取代当时已经老化的、不堪重用的安 –12 运输机。当时计划生产 160 架，并在乌克兰的基辅和俄罗

➤ 安 –70 运输机

斯的萨马拉建立生产基地来制造这种运输机。但在 1991 年，苏联突然解体，俄罗斯的军事预算又大幅度减少，没有能力独自支撑如此庞大的开支，而且此项目的主要设计负责单位安东诺夫设计局被划为乌克兰，此时的俄罗斯更倾向于扶植本国的图波列夫设计局研制的中型运输机，加上两国之间的政治冲突导致俄罗斯终止对此项目的支持。1992 年，安东诺夫航空科学技术联合体在没有俄罗斯的支持下决定自行筹资继续开展安 –70 项目。1994 年 11 月第一架安 –70 正式下线，同年 12 月 16 日成功完成首飞。

但在 1995 年 2 月 10 日发生了一件重大事故，驾驶员驾驶这架原型机正在基辅进行第四次飞行试验，因为操作失误导致其与陪同它一起实验的一架安 –72B 型运输机在空中相撞。两架飞机上的 7 人全部殉职。

安 –70 运输机的总重达到惊人的 47 吨，飞行距离是 8000 千米，载重能力和美国的 C–141 运输机差不多。速度为 750 千米 / 时，基本达到用螺旋桨驱动飞机的极限。虽然是螺旋桨飞机，但是可执行各种高度的空投任务，可以运载 300 名全副武装的士兵或 206 名伤病员，也可以一次空投重达 20 吨的单件物品。

安 –70 空载的时候能在 200 米长的机场跑道上起降，运载 20 吨重的有效载荷的时候，能在 600 ~ 700 米的野战跑道上起降。

安 –70 最令人眼前一亮的是，它装载了 4 台进步 Д–27 发动机和一台 CV–27 双排桨扇发动机。为什么要安装两种发动机？原来这种安装模式是介于螺旋桨和涡轮风扇喷气发动机之间的一种新颖的高亚音速空气动力推进方式，这样的好处是可以通过喷气发动机来驱动大翼面的多片桨叶，和传统螺旋桨或喷气发动机相比可以获得更好的推进性能，最重要的是，提高效率、节省燃油。一台 Д–27 发动机的功率可以达到 10440 千瓦，CV–27 桨扇直径 4.49 米，一台发动机上的桨扇共 14 叶，布局独特，分前后两组，前面一组 8 叶，后面 6 叶；两组桨叶工作时反转。桨叶气动外形独特，呈弯月状，和潜艇的大倾角桨叶差不多，可以达到极高的推进效率。

另外，安 –70 还配备了先进的数字式机载设备，这使得飞机可以在各

➢ 安-70运输机

种高度昼夜不停地飞行，并有先进的电子对抗自卫设备。机上可以选装多通道信息传输系统，也可以使用机载电子设备。驾驶舱使用的是多功能彩色显示器。其强大的电子导航和飞行控制设备能在未经铺设的机场自动起降且不需地面的帮助。该机能通过电气系统自行进行空投和装卸各种物品。机上有 4 台电动缆车用来装卸物资，总牵引力达到 12 吨。另外飞机还有为了装卸箱状货物的预留设备，可以根据实际需要快捷地加装滚轴传送带。

"煤矿人"——安-72运输机

安 –72 运输机是一种双发短距起降运输机，是由乌克兰的安东诺夫航空科研技术联合体研制的，主要用来代替老旧的安 –24 运输机，作为短距离起降的喷气机版本。

1977 年 12 月 22 日，安 –72 完成了首飞，北约代号为"煤矿人"；虽然首飞成功，但是研发机构没有因此满足，一直对安 –72 进行试飞和改进。正是因为研发机构的不懈努力，所以就有了后来的专门在极地使用的中短程短距起落运输机——安 –74 运输机。安 –72 有多种机型：安 –72A、

➤ 安 –72 运输机

➢ 雪地起飞的安 –72 运输机

安 –72AT 货运机型和安 –72S 行政机型（要人运输机），安 –72P 海上巡逻机，可以满足各种需求的运输。

安 –72 的外形设计与之前的波音实验性飞机 YC–14 有很多相似之处。

安 –72 运输机的动力装置是 2 台洛塔列夫 D–36 高涵道比涡扇发动机。

座舱可以容纳 3 人，分别为正驾驶员、副驾驶员和飞行工程师，主货舱可容纳 32 名乘客或运输 24 名伤员加一名护士。主要机载设备包括：导航雷达和气象雷达，导航雷达是先进的多普勒自动导航系统以及地图显示装置。

安 –72 运输机翼展为 31.89 米，机长 28.07 米，机高 8.75 米，机翼面积达到 98.53 米。

安 –72 运输机空重 19050 千克，最大商载 10000 千克，最大起飞重量 34500 千克，最大着陆重量 33000 千克，最大燃油重量 12950 千克。

安 –72 运输机最大平飞速度 705 千米 / 时，巡航速度 550 ~ 600 千米 / 时，进场速度 180 千米 / 时，实用升限 10700 米，起飞滑跑距离 930 米，着陆滑跑距离 465 米，航程（最大商载）800 千米。另外，安 –72 运输机最大的特点是发动机背在机翼背上且靠近机翼根部。

安-225运输机是世界上最大的军用运输机，它是由苏联安东诺夫设计局研制的，也是只生产了一架的运输机。

安-225运输机的是苏联大力发展太空探索的产物，研制它主要是为了运输暴风雪号航天飞机与其他火箭设备，原本计划是制造两架，但是由于开发时间非常短，而安-225的大部分研发是基于安-124运输机，所以没有投入更多的力量进行研发。安-225一号机于1988年11月30日完工出厂，12月21日在基辅完成首飞，1989年5月12日完成第一次暴风雪号的背负飞行。

1989年后，苏联的经济遭到了重创，耗资巨大的太空探索计划因为缺钱只好作罢。暴风雪计划也在发射成功一次之后就不了了之了，而耗资巨大专门为了暴风雪计划设计建造的安-225自然也就失去了原有的作用，第二架安-225只有部分完工就被封存了。所以真正完成制造并能飞行的安-225运输机全世界仅一架。

➤ 安-225运输机

安 –225 在安 –124 基础上延长了机身，安 –225 机身长达 84 米，但是客舱的基本横截面和头部舱门并未改变，只是取消了后部装货斜板。安 –124 原本的单垂尾设计被两个位于水平尾翼末端带上反角的对称式垂直尾翼所取代，变成一个由正前方看去是 "H" 字形的尾翼，这是为了可以背负暴风雪号并避开在飞行过程中航天飞机后方所产生的乱流，另外所有翼面都是后掠，方向舵分为上下两段，升降舵则分为三段。

因为需要运输航天飞机，所以动力系统十分重要。安 –225 搭载了 6 具 D–18 高涵道比涡扇发动机，全机结构进行适当的强化，飞机总重和载重能力都增加了 50%。起落架部分，鼻轮由两对复轮组成，而腹轮部分则是前后 7 组复轮左右共两排，总共有 28 个轮胎，全是以油压方式驱动，其中前轮具有转向作用以提升飞机在地面滑行时的机动性。

安 –225 的货舱全长为 43.51 米，最大宽度为 6.68 米，货舱底板宽度 6.40 米，最大高度 4.39 米，且货舱非常平整。为了方便巨大货物进出，机首驾驶舱设在主甲板上方的二楼处，并设计成了可以上掀打开的 "掀罩式"，最令人惊讶的是货舱内竟然还有一台起重机，这是其他运输机不能比拟的。安 –225 的机尾处设计稍微有点缺陷，没有可以打开兼作卸货坡道用的尾门，正常操作安 –225 飞行需要 6 名机组人员，如果以安 –225 的巨大机舱容积，转作客机，那么它的运输力是相当惊人的。初步估计它可能可以一次运输 1500 ~ 2000 名乘客，是目前世界上最大客机 A380 的 4 倍。货舱内可装 16 个集装箱，大型航空航天器部件和其他成套设备，或天然气、石油、采矿、能源等行业的大型成套设备和部件。

安 –225 的载重量一直是个谜，原厂公布的是 250 吨，但大多数人不认同这个说法。他们认为，安 –225 有超过 300 吨的载重能力，因为安 –225 有为了背负暴风雪号航天飞机所设计的机背货架，它除了货舱可运输外还能背负，所以它的载重能力是不可估量的。举个例子：美国空军所拥有的最大型的军用运输机 C–5 的载重量是 118 吨，安 –124 的载重量只有约 150 吨的水平。由此可见安 –225 的载重能力是多么的惊人。除了其独特的载重能力外，还拥有超长的续航能力，这是因为安 –225

➤ 飞行中的安-225

的机身庞大，可以携带更多的油料，因此，安-225 在全负载的情况下能持续飞行约 2500 千米，如果空载的话，那就更远了。

苏联解体后，这架大容量的安-225 由乌克兰接管。但是乌克兰的经济状况不佳，无力维护安-225，因此这架巨无霸一直被扔在工厂的一个角落里蒙灰，再加上它的很多零件和安-124、安-70 通用，所以它也成为了一个备用零件库，很多主要零件被拆了下来，实际上此时的安-225 已经处于一个报废的状态。难道安-225 的命运就此结束了？当然这是不可能的，1999 年，安东诺夫航空科研技术联合体想出一个赚钱的计划，他们将其旗下的安-124 运输机队作为超大型货物运输工具向西方国家出租。这样做的底气是因为当时唯一能与安-124 匹敌的美国 C-5 "银河" 运输机只用做军事用途，因此安-124 成为世界上唯一可让民间租用的超大型货物运输机，这种垄断性的包机模式取得了巨大的成功。

安-124 的成功转型让安东诺夫航空科研技术联合体恢复了自信心。于是，他们将目光又转回到库房里的安-225 身上，在经过一年左右的改装与机身强化之后，又更新了先进的西方航电设备，2001 年 6 月，换了新装的安 –225 在法国的巴黎航空展中亮相，偶尔会负担跨大西洋航线的货运飞行任务。

尝到甜头的安东诺夫航空科研技术联合体萌生了一个计划，决定启动二号原型机的建造，并且还对进一步大量生产该机作为超大型民用运输机进行可行性的研究，还准备更换引擎，打算把原本 23.4 吨推力的俄制发动机，换成推力为 41.414 吨的劳斯莱斯 Trent892 型或推力为 44.453 吨的普惠 PW4098 型涡扇发动机。不仅如此，他们还决定把第二架安 –225 后部装货舱门和尾部重新设计，再装一个单一的垂直尾翼。在设计上，第二架安 –225 的运货效率要高于第一架。

到了 2000 年，乌克兰对第二架安 –225 的需求变得非常明显。2006 年 9 月，乌克兰政府下定决心要完成第二架安 –225 的制造。并预计在 2008 年前后完成第二架安 –225 的机身，但是由于资金问题交付日期一

➤ 飞行中的安 –225

再推迟。2011 年 5 月，安东诺夫航空科研技术联合体表示，要想完成第二架安 –225 的改造需要投入资金太大。目前还无法筹集改装的资金，就这样，第二架安 –225 被无限期搁置了。

"二把手"——安–124运输机

安 –124 运输机又叫"鲁斯兰"，"鲁斯兰"来源于一个英雄的名字。它也是目前世界上第二大的运输机，故被称为"二把手"，是由苏联安东诺夫设计局设计的。

安 –124 最先被命名为安 –400，计划名称为安 –40，研发目的是为了

➤ 安–124 运输机

满足未来的需求，生产一款比安–22 更大的运输机。首架原型机在 1982 年 12 月 26 日首飞，但是真正面向全世界亮相，是在 1985 年的巴黎航空展上展出的第二架原型机 "Ruslan"，而飞机的名称也被改成了安–124。

安–124 的机身很有创意，就像一个梨子竖着一分为二，主翼设计成了后掠下反式单翼，翼下专门设置了 4 个短舱，分别装有一台由扎波罗什 "进步" 机器制造设计局研制的推力为 23.4 吨的带有反推装置的 D–18T 涡扇发动机。为了让货物能从贯穿货舱中自由出入，机头设置了向上打开的舱门，机尾设置了向左右打开的全尺寸货舱门。安–124 的机腹几乎贴到地面上，这让装卸工作变得简单便捷。起落架为常用前三点式，一共有 24 个机轮。安–124 的货舱设计有点不同，采用的是上下层设计。上层舱室是主要用来进行人员的运输的小舱，机组的座位也位于上层舱室，当然

上层舱的作用不止如此，它还能载 88 名乘客。下层主货舱的容积为 1000 多立方米，载重可达 150 吨，起飞重量达 405 吨。这一指标约为 C-17 的 2 倍、C-5 的 1.25 倍、安 -22 的 1.875 倍。货舱前后舱门通过液压装置可以快速方便地打开。为了方便货物的装卸，货舱的顶部还有 2 个可以吊起 10 吨货物的吊车，地板上还装备 2 部牵引力为 3 吨的绞盘车，安 -124 主要用来运载普通飞机的机身、化工厂塔件等大型货物。

另外，为了在远程飞行时让飞行员得到很好的休息，安 -124 还有着非常舒适的内部配置，厕所、洗澡间、厨房和休息间一应俱全。设计时还充分考虑了用于民航运输时的适航性，噪声特性也符合国际民航组织的噪声标准。

安 -124 的机载设备包括：气象雷达、惯性导航装置（4 套）、导航 / 地图雷达、卫星导航仪、大型雷达屏和大型移动地图显示器。

1985 年，安 -124 创下了载重 171.2 吨物资，飞行高度 10750 米的纪录，打破了由 C-5 运输机创造的载重高度世界纪录。1986 年是重要的一年，在英国范登堡国际航展上，第五架安-124原型机引起国际轰动。安-124于1987年全面投产，仅仅10年就已生产了54架，每年可以生产5架，至2000年止已有26架在俄军服役。苏联解体后，安-124主要用作商业租赁，为客户提供空运服务。后期，俄军表示计划重新开始生产该机的改进型号。

安-124最引以骄傲的是曾经打破20多项国际航空联合会FIA承认的世界飞行纪录。因为其具有超大、超重货物运输的能力，备受各国客户的青睐。

➤ 飞行中的 Ju-52 运输机

第四章

德国运输机

　　德国作为第二次世界大战的主要参战国，它的战线贯穿东西，运输机对战局的影响不言自明。为此，他们在运输机的研发上投入了大量精力，同时也生产出不少在当时来说性能不错的机型。

"巨人"——德国Me323运输机

　　Me323 型运输机是第二次世界大战中最大的陆上运输机。它是由滑翔机发展而来的大型运输机，它独特的大容积、低底板的货舱以及可开放的机头门扉和多轮起落架的设计被一致认为是现代军用运输机的鼻祖。

　　它的由来可以追溯到 1940 年秋，纳粹德国最高统帅部决定集中精力实施进攻苏联的"巴巴罗萨行动"。希特勒断定在闪击战打击下，可以快速解决掉苏联。然后再入侵英国进行登陆作战。但是要想登陆作战，就需要能运送大炮、坦克、卡车和大批伞兵的大型滑翔机。

　　于是，1940 年 10 月 12 日，容克斯公司和梅塞史米特公司应德国航空部的要求开始迅速研制用于入侵英国本土的大型滑翔机。航空部技术局十分重视这次研制，并提出具体的要求：

　　1. 能运输装备 75 毫米炮的德国Ⅳ号主战坦克或自行火炮及其乘员、燃油、弹药。

　　2. 能运载德国 88 毫米高射炮兼反坦克火炮及拖车。

　　3. 能运输超过 100 名且全副武装的士兵。

➢ Me323 运输机

要求两家公司在两周后提出各自的设计方案，并准备好生产 100 架。因为容克斯公司在梅泽堡的设计中心被称为"华沙东"，而梅塞史米特公司在拉普汉姆的设计中心被称为"华沙南"。所以德国航空部为这个大型滑翔机的发展计划起了一个代号——"华沙作战"。德国航空部指定容克斯公司设计全木质构造的滑翔机，梅塞史米特公司则设计金属骨架蒙布构造的滑翔机。于是，两家公司就开始了竞争性试制。

容克斯公司由赫尔德尔博士领导的设计组于 1940 年 10 月 31 日提交了 Ju322 设计图,这个设计还残留着 20 世纪 20 年代中期 G38 运输机的身影:机体主要部分的厚重主翼的翼展 62 米，翼面积达 925 平方米。宽 9.5 米的主翼中央部为木质多梁构造的货舱。用来安置操纵人员的单座舱在中翼的左舷。中翼两端前缘突出旋转机枪塔，而下方前后配备 4 个钢质滑橇用于降落，起飞时则使用 8 吨重的可分离的具有 32 个机轮的滑跑台车。然而容克斯公司最擅长的是全金属飞机制造技术，制造木质飞机不是很精通。另外，因为时间匆忙，导致收购的木材材质不良，黏合剂也很差，无法达到设计强度。因此在飞机强度测试中，1 号主翼梁在设计强度的 50%、2 号主翼梁在 60% 时就折断了。后来为了增加强度又补加的结构增大了机体的重量。同时，那极小的尾翼使军方高层担心它在空中会像秋天的树叶一样落下来。Ju322 最初的名字是"歌利亚"，后来改成"猛犸"。

1941 年 2 月，Ju322 1 号机制造完成，但是载重量没要达到当初 20 吨的要求，它只能装载 16 吨。在试验装载Ⅳ号坦克时，货舱承载底板又被压坏。所以只能继续构造强化，强化后运载量降至了 11 吨。3 月，装载 4 吨配重的"猛犸"由 Ju90 四发运输机曳航试飞。但是由于跑道太短，导致在试飞前还伐倒了跑道尽头的森林来延长跑道。而且"猛犸"在滑跑途中就极不稳定，上升后又激烈地纵向摇动。曳航机为脱离危险，只好马上切断曳航拖索，这才避免机毁人亡的下场。被抛下的"猛犸"被迫降落在一个村庄的田野上，德军为保守秘密派人封锁了这个区域，两个星期后才用坦克把"猛犸"拖了回来。此后"猛犸"又进行过多次试飞，但都是因为尾翼面积太小在曳航时稳定性极差，运载量也远不能达标，"猛犸"

➤ 正在装卸作业的 Me323 运输机

彻底失败了。而此时梅塞史米特公司的 Me263 进展却很顺利，德国航空部经过考虑决定放弃"猛犸"，在得到这一消息后，失望颓丧的技工们把费力研制出来的"猛犸"1 号机、2 号机以及正在制造的 98 架滑翔机切成了木片，当作机车的燃料。

　　另一方面，在规定的最后一天梅塞史米特公司拉普汉姆的设计组终于设计出了 Me263"巨人"。它的货舱是箱形的，长 11 米、宽 3.15 米、高 3.32 米，前面的机头是可向两旁张开的贝壳形货舱门，这样方便直接装入大体积货物。另外，为方便对车辆的运输，设计货舱地板时把它与地面设计得很近并且还加装了特殊的坡道。还用坚固的骨架加强了货舱地板，这样可以承载 22 吨货物。货舱地板面积约 40 平方米，整个货舱容积达 108 立方米。如果在中间把货舱上下隔开，那么可一次运送 200 名全副武装的士兵。Me263 货舱上方是金属机翼大梁，用木制的翼肋保持它原有的翼型。主翼前缘以木质胶合板为外壳，其他部分为布蒙皮。主翼梁钢管支持架向后延伸铰接着全翼展的动翼，动翼一共有四段：副翼是左右外侧两段，带调整片的襟翼两段。整个主翼的内翼段是水平的而外翼有向上反角，内翼外伸的 2/3 处到货舱底部骨架间用大型支柱加以固定。从货舱向后延伸的后机身是钢骨蒙布构造，而全木质的尾翼间也用支柱做了固定。机身下部左右有 4 个钢质着陆滑橇，机身尾端也装有带缓冲装置的尾橇。为了起飞滑跑，主起落架的轮子位于主翼支柱下两侧，是飞机的主轮，机头下用 Bf–109 型战斗机的主起落架的轮子作前轮，但这些轮子是一次性物品，起飞后这些轮子将被投弃。

驾驶员的座舱位于主翼前缘位置，正好在货舱的天花板上，这为驾驶员提供了很好的视野。机上乘员组一共 5 人，其中驾驶员 1 人，通信员 1 人，搭载指挥员 1 人，机枪手 2 人。机上固定武器位于机头货舱门上部左右，是一架 7.9 毫米德国 MG15 机枪。货舱还专门留有小窗口，以供搭乘士兵用德国 MG34 通用机枪射击。

德国航空部审查后，在 11 月 6 日发出包括原型机在内生产 200 架的指令。为此 Me263 设计组夜以继日加班加点进行细部设计，图纸一出来第一时间交生产部门。木质尾翼、主翼翼肋、前缘外壳和主翼与机身接合部整形材由斯图加特的曼伊家具厂制造；科马德沃的曼尼斯曼公司负责制造钢管焊接的机身骨架和主翼大梁；梅塞史米特公司拉普汉姆工厂负责组装。12 月底航空部把它的型号改为 Me321。

1941 年 2 月初，在得到生产命令的 3 个多月后，原型 1 号机"巨人"组装完成，同时生产线上还有 62 架在组装，其中有 11 架已经进入最后组装阶段。2 月 25 日，原型 1 号机载 4 吨配重由曳航试飞成功。除舵感比较难操作，其他操纵性良好，没发现其他需修改设计的缺点。为了减轻驾驶员的负担，设计人员提出由两人驾驶的建议。从生产的第 101 号机起，改为双座驾驶舱。就这样，A 型机为单座驾驶舱，B 型机为双座驾驶舱。

为了让"巨人"更快服役，从担任空降作战的第九航空军中为"华沙南"计划抽调人员对其测试，很多参加过滑翔机实战的滑翔机驾驶员和曳航机驾驶员被抽调，编成拉普汉姆特殊分遣队。2 月 25 日的试飞由梅塞史米特公司的鲍尔操纵。以后的试飞由分遣队员进行，有名的女飞行员汉娜·兰西也参加过 5 次试飞。原型 2 号机在 3 月 24 日的第一次试飞时发生紧急事故，鲍尔在 2 分钟内中止飞行迫降着陆。

3 月 20 日载运 120 名士兵的"巨人"进行试飞。但是在飞行过程中右侧的助飞火箭在离地时没有点火，使"巨人"向右侧滑，引起 3 架曳航机的碰撞，"巨人"和曳航机坠毁在跑道周围的森林里，一共有 129 名机载人员丧生，造成了 1941 年最惨重的飞行事故。

鉴于 Me321 在试飞中的惨痛教训，德国航空部决定给 Me321 装上动力装置——发动机，这样它就具备一定的机动能力从而可以扩大使用范围。1941 年 3 月，德国航空部指令梅塞史米特公司进行这项计划，并给出以下两个方案：

1. 重载时用曳航加上助飞火箭起飞，到巡航高度脱离曳航机滑翔到目的地降落的、装备 4 台发动机的 Me321C 型（大型动力滑翔机）。

2. 给飞机装备 6 台发动机，可以像一般运输机自行起飞降落的 Me321D 型。适用的 1000 马力发动机有很多，但是由于德制发动机要优先满足一线军用机的需要，最后只能使用 14 汽缸的法制格罗姆—罗纳 14N 星形气冷发动机。

当时德国空军委托法国梅利尼亚格工厂生产的 200 架布罗克 -175 双发攻击机即将完工。但是为了 Me321 的改装，把准备给它们装用的格罗姆—罗纳 14N48/49 发动机、发动机整流罩及配件和肖奥维埃尔可变距三叶螺旋桨全部征用运往德国。再将改装后的带动力的 Me321 改称为 Me323，使用 Me321B 的机体，试制了两架原型机：配备 4 台发动机的原型 1 号机和 6 台发动机的原型 2 号机。两架原型机的基本构造与 Me321 相同，只是增加发动机支架，并加强了中翼段的翼梁。格罗姆—罗纳 14N 的起飞功率 1140 马力，在 5000 米高度时功率为 1035 马力。Me323 在右翼装向左旋转的格罗姆—罗纳 14N-48 型，左翼装向右旋转的 14N-49 型（布罗克 175 的装用法相反）。为了协调发动机，Me323 左右两侧各配备一名航空机械师，其座位设在中央发动机外侧主翼前缘，因此 Me323 的乘员由 Me321B 的 6 名增至 8 名。油箱改放在货舱的背部，中翼主梁内有 4 个，主梁后位置有 2 个。起落装置为从货舱地板向两侧伸出的、各带 2 个前轮和 3 个主轮的条形架，像坦克一样各轮均独立悬挂，以适应在不平整的地面起降。

1942 年 3 月，Me323 的两架原型机在拉普汉姆完成组装。6 发动机的原型 2 号机的空机重量也发生了变化，由 Me321 的 15 吨增加到 27.5 吨，如果加上最大载荷的 12 吨货物，那么总重将达到惊人的 44 吨。虽然它们的起降和操纵性能良好，但载货后需曳航起飞的 4 发动机的 C 型最后被彻底放弃，以便集中精力发展 6 发动机的 D 型。Me323 原型 3 ~ 12 号机（先行生产 D-0 型）在 12 月完工后，奥贝尔特拉堡工厂开始制造生产型 D-1、D-2 型。

1942 年 7 月，D-0 型 1 号机在拉普汉姆工厂制造完成，当年制造的 10 架全部交付德国空军，其他大部分仍留在拉普汉姆作研究开发使用。同年 9 月，奥贝尔特拉堡工厂制造的第一架 D-1 型完成，一年内共制造了 16 架。后来 Me323 以后的生产分散到几个工厂：杜塞尔多夫的拉特公司生产机头，曼尼斯曼公司制造主翼大梁和机身中部的钢管骨架，而木质部件仍由曼伊家具工厂制造，斯柯达公司制造起落架。

Me323D 采用的是翼展为 55.2 米的矩形上单翼，整个机翼的面积达到 300 平方米，机全长为 28.46 米，机体和 Me321 基本一样，只是机身侧窗少了几个，把尾橇位置稍微挪后。D-0 型不带武装。D-1 型有着和 Me321 一样的货舱门机枪，不同的是，D-1 型中翼背部后缘还有两个由航空机械师操作的 MG15 机枪的泡形旋转枪塔。D-1 型的货舱除了装货外，还可搭载一个相当于常备燃油量一半的备用油箱，Me323D 通常运载 12 吨货物时的航程为 750 千米，而运 10 吨货物时航程可延伸到 1000 千米。当超重起飞时还要使用以过氧化氢为燃料的助飞火箭。在运送人员时可搭载 120 名武装士兵或 60 副伤员担架及卫生兵。撤退作战时可运送 200 名以上无武装人员。运输燃油之类液体货物时可运载 50 多个容量 250 升的油桶。

由于需求量太大，Me323 很快就用完了从布罗克 175 飞机上征调的发动机，于是德军开始征用法国维拉格沃普雷 SECSE 工厂生产的 LeO451 双发快速轰炸机所备用的格罗姆—罗纳 14N 发动机。然而令人想不到的是，与这款发动机配套的变距三叶螺旋桨和高速机用的发动机整流罩无法在低速的 Me323 上使用，只好又在巴黎的普罗萨维亚工厂生产布罗克 175 配套的发动机整流罩和散热器来满足 Me323 的使用，生产出来的变距螺旋桨也被哈尼定距双叶螺旋桨替代。使用这套动力系统的 Me323 被命名为 Me323D-2 型。更换发动机的 D-2 型的最大起飞重量也降低了，由 45 吨下降为 42.9 吨，航程也大大缩短，载货 9.6 吨时的航程 750 千米，要想航程达到 1000 千米货物必须减到 7.8 吨，因为这些原因，所以 D-2 型很快便停产了，改为制造与 D-1 型使用同样的变距三叶螺旋桨的 D-6 型运输机。D-1 型与 D-6 型的特点基本一致：空载时最大时速 245 千米 / 时、重载时时速降为 200 ~ 215 千米 / 时，经济时速 160 千米 / 时，上升速率 0.5 米 / 秒，升限 4.5 千米，实际使用时多在 500 ~ 600 米之间的高度飞行。

尽管 Me321 在生产制造中一波三折，但是战争需求迫在眉睫，在其首飞的三个月后，德国空军还是组建了 Me321 大型运输滑翔机联队。联队包括各装备 6 架 "巨人" 的 3 个滑翔机中队和各装备 12 架用来辅助的 3 个曳航机中队。但是在向东线出动前缩小了编制，改组成 4 个特别大型滑翔机中队，每个中队装备 5 架 "巨人" 和 15 架曳航机，到 1941 年 9 月各个中队已处于实战状态。9 月中旬，第一特别中队配属到北方战区第一航空舰队；第四特别中队配属给南方战区第四航空舰队；第二十二特别中队、第二十特别中队和联队本部则全部配属给中央战区第二航空舰队。

但是令德国军方没有想到的是，为从欧洲西海岸入侵英国本土而研制的 Me321 和它的曳航方式在俄罗斯严寒条件下使用困难重重。首先这种曳航起飞有一个弊端，最大航程只有 400 千米，在这个范围内要寻找具备 1200 米铺装跑道的机场，还要准备大型牵引车及装备器材、助飞火箭燃料贮藏和灌装设备等 "巨人" 需要的必要器材设备，而由于 He111Z 重型滑翔牵引机的研发迟迟没有结果，在东线作战运输中队只能用非常危险的 3 机曳航方式。9 月 12 日第一中队运送突击部队到爱沙尼亚西方里加湾的萨列马，此后又为这个岛上的陆军和第五十四战斗航空团补给燃料和弹药。

第二十二中队和第四中队分别在恰达洛沃卡和基辅·罗斯托夫战线也都进行过几次补给行动。但是因为严寒使机场条件恶化，"巨人"无法起飞，使得运输陷于瘫痪。在不得已的情况下，1941年底撤销了Me321大型运输滑翔机联队的建制，但战场上各独立的中队还在。

1942年初，德军计划抽调东线的Me321辅助攻占马耳他岛的"大力神"作战，Me321的任务是运送两个空降师（其中一个为意大利师）前往前线。但"大力神"作战一拖再拖，最后取消。德军又打算把Me321用于东线的攻击阿斯特拉罕和巴库油田的作战。但是随着东线的战局急转，Me321的角色也发生了变化，由攻击转为救急。如1943年初紧急空运补给给被围在斯大林格勒的德军，此后又运送弹药给克里米亚战线上孤立抵抗的库班桥头堡……1943年夏，德军企图用Me321把集结在法国伊斯特勒的两个师运往西西里岛，但由于He111Z曳航机的航程不够而被迫终止。

Me321在1941年生产了186架，加上翌年生产的14架，共生产200架。它虽然具备22吨的惊人运载能力，却由于自身没有动力而导致实用性很弱。

1942年10月，德国空军用Me323D改装了两个Ju-52三发运输机联队，易名为第三二三特种任务战斗航空团的第一、第二联队。11月这两个联队分别从西西里岛的特拉巴尼和卡斯特尔维特拉诺飞往北非，他们的任务分别是为隆美尔的非洲军团运去反坦克和防空的重武器和补给品，以及为驻守在黎波里的德国空军运输燃油和弹药，并且在返程时运送伤兵和需大修的Bf109战斗机分解件。但是由于Me323D的防御太差，11月10日，在突尼斯上空的一架Me323被英军战斗机击落了，还有两架Me323在起飞途中遭敌机扫射被毁，这可以说是Me323部队最早的战斗损失。为此德国空军决定让Me323和Ju-52混编出动，组成的运输机群由3个Bf109或Bf110的三机编队护航。这一决定取得良好效果，一直到1942年末都没发生重大损失。随着战事的发展，鲍罗斯上将的第六军在斯大林格勒被围，为了救援，大批运输机从地中海战区调往东线，地中海战区只剩下200架Ju-52和15架Me323D。此后盟军远程战斗机加强了空中巡逻，德军运输机屡遭袭击。被逼无奈的德国空军只好增加护航战斗机，另外还给 Me323 加装了防御武器。货舱门上的 7.9 毫米 MG15 则换成了 13 毫米的 MG131 重机枪，另外还在货舱门下方加装了 2 挺机枪。生产中的 D-6 型也进行同样改造，并在通讯员舱前后装备两挺 MG15 机枪。

说到 Me323，它的故事很多，非洲军团士兵刚见到 Me323 就被它巨大的体形震惊了。但由于是蒙布机身，中弹后很容易燃烧，所以很多搭乘过它的士兵对它谈虎色变。实际上 Me323 因为其构造结实，故障率低，还是比较可靠的运输机。

另外，生产工艺简单是 Me323 的最大优点。刚开始制造一架 Me323 需要 40000 工时，后来降为 12000 工时。最不可思议的是在奥贝尔特拉夫堡工厂的工人大多还是陆军惩罚大队中的未熟练工。

Me323 的产量是相当惊人的，1943 年 1 月的产量仅为 12 架，到了 2 月却达到了 27 架。后来逐渐稳定下来，平均月产量降为 8.5 架。德军原本打算把第九〇〇特战航空联队改装为第三二三特战航空团的第三联队，但由于 Me323 的供应跟不上而最终放弃。而这个时期生产的 Me323 全部供给已组建的两个联队和东线的分遣中队。

从 1943 年 2 月 23 日起的 8 个星期中，第一、第二联队向突尼斯比塞大进行 160 架次的运输飞行，因盟军战斗机扫射机场而导致大量飞机损毁。4 月 10 日混编在运输机队中的 3 架 Me323D 在突尼斯北面被击坠，10 日和 16 日盟军空袭特拉巴尼时又有 3 架 Me323D 被击毁。

4 月 22 日，第五运输航空团的第一、第二联队出动全部可用的 16 架 Me323D 向突尼斯空运燃料，它们和平时一样混在 Ju-52 机群中。但是，这次却没有那么幸运，机群在邦角上空遭英军两中队"喷火"战斗机和南非空军 4 架 P-40 战斗机的袭击，14 架"巨人"被击落，140 名机组人员只有 19 人生还。两天后，在突尼斯基地又有一架 Me323D 遭扫射，最后只剩一架"巨人"返回特拉巴尼。至此，第五运输航空团遭到毁灭性打击，最后只好灰溜溜地撤回德国。这支部队在 1200 架次出动中运输物资 15000 吨，其中包括轻武器 324 吨，卡车 309 吨，口径 150 毫米以下的火炮 209 吨，装甲车 95 吨，防空与反坦克炮 83 吨，波尔图堡大型雷达器材 42 吨。

后来，德军吸取了地中海战区的惨痛教训，开始发展 Me323 的武装强化型。第 13、14 号原型机在拉普汉姆进行改造，机头位置安置的机枪下移，全机共装备 MG131 重机枪和 MG15 轻机枪各 4 挺，MG131 重机枪架设在左右两个视界良好的窗式枪座上，机身两侧也新设了两个 MG131 机枪的窗式枪座。机身构造加固，燃油量增加。13 号机与 D 型一样装 6 台格罗姆—罗纳 14N 发动机；而 14 号机原计划准备 4 台起飞功率达 1340 马力的尤莫 211F 液冷发动机，后因为尤莫发动机比较紧俏而放弃了。13 号机成为 E-1 型的原型。1943 年春，"巨人"由齐柏林公司继续生产，但做了一个小小改动，在主翼上面、外侧发动机后方增设两个泡型炮塔，分别装有 20 毫米 MG151 机炮，以代替背部枪塔，这款 Me323 被称为 E-2 型。它们中的一架又改装为编队护航用的 E-2/WT 型，它的主翼上有 4 个 EDL151 炮塔，加上机头的旋转炮塔和机身侧的炮座，共装备 11 门 MG151 机炮和 4 挺 MG131 重机枪，乘员 17 名，全部炮座都用装甲防护，不再搭运货物。经过试飞，发现改装后的机型还不如护航战斗机实用，于是便停止了改造。

1944 年春，德国全面中止运输机的生产，但在拉普汉姆"巨人"的

➢ Me323F 型运输机

发展还在继续。1943 年底由 16 号原型机改造的 Me323F 型开始试飞。它装有起飞功率 1350 马力的尤莫 211R 发动机,最大起飞重量 58.1 吨,最大运载量 18.3 吨,其武装与 E-2 型一样,10 月 Me323F-1 型的生产计划又被 G 型取代。原型 17 号机准备发展为装 6 台起飞功率 1320 马力的格罗姆—罗纳 14R 发动机的 G 型,当 G 型正在制造中,"巨人"的开发生产被全面中止。

1943 年 4 月底,第五运输航空团从西西里撤回到奥贝尔特拉堡补充了飞机和人员后,5 月重返地中海战区。在非洲军团溃灭后调往东线,团部设在华沙,部队分别驻扎在保加利亚的凯斯敏特和罗马尼亚的福克沙尼,由第四航空舰队第二空运司令部指挥撤退。德军以数量不足的飞机应付里加—基洛夫格勒、加拉兹—塞瓦斯托波尔和布加勒斯特—奇里斯多夫地区的空运,一直到 1944 年 5 月巴尔干战线德军全面崩溃为止,共出动巨人 2000 架次以上。此后随着第五运输航空团的撤销,"巨人"也正式告别战场。

垂直极限——Do.31 运输机

1950 年末到 1960 年初,这段时间内垂直起降的风潮席卷西欧航空界,联邦德国也被潮流影响,开始着手研制 25 吨级的中型垂直 / 短距离起降

➤ Do.31 运输机

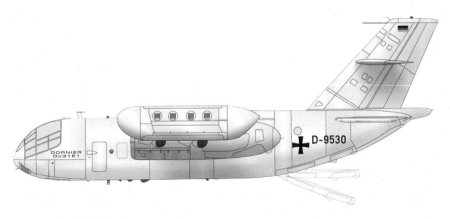

> Do.31 运输机线描图

军用运输机。德国的多尼尔航空制造公司在 1959 年最先提出了 Do.31 空
军中型战术运输机方案。

多尼尔航空制造公司在业内非常有名，早在第二次世界大战时就因制
造运输机而闻名于世。第二次世界大战后，该公司目光转向了垂直／短距
离起降军用运输机项目。因此，优势明显的多尼尔公司设计的 Do.31 方案
从众多竞争者中脱颖而出，很轻松就得到德国中型垂直／短距离起降军用
运输机的项目开发权。

在这个项目中，除了该公司进行项目总体设计和研发外，英国罗·罗
公司后来也加入进来，当时 Do.31 项目总预算不是很多，但是其中在采购
英国的发动机方面的预算占总预算的 40% 左右。

1967 年 2 月，Do.31 运输机的 E1 号原型机第一次进行了常规跑道滑
翔的起降试飞，10 个月后，Do.31 运输机的 E3 号原型机第一次进行了垂
直降落的试飞工作。

Do.31 的原型机机长 20.7 米，翼展 17.14 米，高 8.53 米，飞机空重
13.868 吨，最大起飞重量约 24.5 吨（短距滑行起飞）或 21 吨（垂直起飞）。

Do.31 的动力非常强劲，整个飞机一共装备了 10 部发动机。采用的
是翼下升力巡航发动机和翼尖升力发动机组相组合的动力装置。Do.31
机翼两端各安装一组翼尖升力发动机，每组都由 4 台罗·罗公司生产的
RB-162 发动机组成，这两组发动机是飞机垂直起降的"关键武器"。当

➤ Do.31 运输机驾驶舱布局

然它不止两台发动机，两翼下还有两台发动机，这两台发动机的作用是：实现推力转向，增加飞机在垂直起降时的动力，让飞机可以平缓飞行。

Do.31 在研发中先后生产了 3 架原型机，这 3 架原型机一共进行了 59 小时的飞行测试，完成了大量试飞科目。

Do.31 中型垂直 / 短距离起降军用运输机项目，如果仅从技术角度来看无疑是成功的，但在试飞的过程中也暴露出了不少问题。首先，该机在进行垂直 / 短距起降时非常费油。其次，该机在进行垂直起降时，噪声让人抓狂。第三，由于飞机翼尖处的巨大的升力发动机舱，导致飞机在巡航时产生的阻力变大，油耗增加，航行距离缩短。

然而令人想不到的是，到了 1970 年，北约调整了战略部署，从大规模核报复转向灵活反应，北约空军对飞机短距 / 垂直起降的要求变低，而因为 Do.31 中型垂直 / 短距起降军用运输机存在这些问题，导致项目也随之不了了之。

"钢铁安妮"——Ju-52运输机

　　说起第二次世界大战时德军最著名的运输机,那么非 Ju-52 莫属。Ju-52 运输机在第一次世界大战前作为民航机开辟了多条新航线,第二次世界大战中它参加了德军所有的运输行动,一次又一次地完成各种任务,如为被困在北非、斯大林格勒、波罗的海的部队运送补给,在荷兰、克里特岛空降伞兵。毫不夸张地说,它是第二次世界大战中德军最为信任的运输机。Ju-52 因其坚固耐用的特性德军都称呼它为"容克大婶",而盟军士兵则习惯叫它"钢铁安妮"。

　　1928 年,容克公司的首席设计师恩斯特·辛多在 Ju-46 单发运输机的基础上开始设计一种新式运输机,型号稍后改为 Ju-52。Ju-52 与 Ju-46 一样一开始也是作为纯货机设计的,但载荷量比 Ju-46 更大。在最初的设计中,Ju-52 采用的是上单翼的设计,准备使用一到两台发动机,后来又改为悬臂式下单翼设计,由于预算比较低,所以只在机鼻处安装一台发动机,这种单发型命名为 Ju-52/1m。

　　Ju-52/1m 原本计划的是配置 1000 马力级的发动机,但当时德国航空工业无法生产这么大马力的发动机,只能使用当时德国最大的 715 马力 BMWVII 发动机。1930 年 9 月 3 日,容克公司的飞行员齐默曼驾驶 Ju-52/1m 原型机试飞成功。接下来的事情就不用多说了,Ju-52/1m 获得德国航空研究所的认证,同年开始首批 12 架试生产。

　　1931 年 2 月在柏林郊外的特伯霍夫机场第一次公开展出了 Ju-52/1m

➢ Ju-52 运输机

原型机。6 月，被运到德国福拉科航空货运公司，这架原型机开始进行运营测试，虽然马力不足，但是测试结果却让人眼前一亮。Ju-52/1m 创造了装载 2 吨货物飞行 1500 千米的纪录。

完成测试后，这架原型机又被送回到容克公司。1931 年 7 月，第二架 Ju-52/1m 原型机出厂，设计者将其加装浮舟改成了水上飞机，7 月 17 日齐默曼驾驶这架飞机从易北河上滑行起飞进行测试。

虽然测试的效果非常好，但 Ju-52/1m 的销售情况不容乐观，只有加拿大购买了一架 Ju-52/1m。于是在生产了 7 架 Ju-52/1m 后，容克公司决定停止 Ju-52/1m 的生产。而生产出来的 Ju-52/1m 则被德国军方买走，作为高炮训练的拖靶机。

鉴于 Ju-52/1m 的市场效应差，容克公司的创始人雨果·容克和辛多试图研发 Ju-52/1m 的军用型。虽然早在 1930 年 11 月，容克公司就向德国军方展示过 Ju-52/1m 原型机，但军方对这种货机没有任何兴趣。雨果·容克和辛多并未因此退却，他们在容克设在瑞典林哈姆的马尔默航空工厂中把其中一架试生产的 Ju-52/1m 改装成鱼雷轰炸机，命名为 K45c。完成改装的 K45c 再次飞回德国，又一次进行鱼雷投弹测试。但他们的梦想又一次破灭，德国军方最终还是没有采用这种飞机，K45c 与其他 Ju-52/1m 一样，被迪恩斯特航空公司购买后用于军方的拖靶训练。在此之后，容克没有再对 Ju-52/1m 做军用改型。

雨果·容克和辛多经过调研发现，航空货运市场上对货机的需求量并不是很大，于是决定发展 Ju-52 客机型。经过市场调研，再出于更多的安全性和可靠性的考虑，他们决定把 Ju-52 改成三发动机机型。

实际上三发动机并不是突如其来的想法，早在 1931 年 4 月容克就开始了对 Ju-52 三发型的研究，研究证明在 Ju-52/1m 的两侧机翼上各加一台发动机能大大提高飞机的整体性能。Ju-52 的客舱长 6.35 米、宽 1.65 米、高 1.90 米，舱门在机身左侧，这样乘客可以方便地进出客舱，另外为了视觉效果好，还在机身两侧安装了一排方形的舷窗。

1932 年，第一架装备了美国产的普惠"大黄蜂"星型活塞发动机的

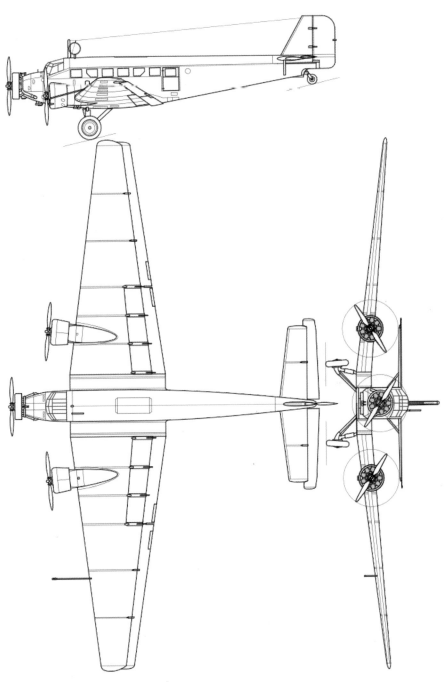

➤ Ju-52 运输机三视图

改装后的三发 Ju-52/3m 客机原型机问世了，每一台发动机的功率为 550 马力。原型机看起来很粗犷，气缸直接暴露在空气中，因为发动机上没有安装整流罩。3 月 7 日，这个三发怪物隆隆地飞上天空完成了首飞。

Ju-52/3m 自一开始就非常成功，容克公司也因此时来运转。很快 Ju-52/3m 就迎来了首批订单。玻利维亚的劳埃德航空实验室对这种三发的客机很感兴趣，立即订购 2 架，紧接着订单像雪片一样飞来，芬兰、罗马尼亚、瑞典纷纷订购，最引人注目的是，国际航空联盟主席也订购了一架作为专机，这也是世界上首架专门制造的高舒适性要人专机。

至此，停滞在生产线上的 Ju-52/1m 机体得到了新生，为了避免浪费，Ju-52/1m 第 8 号机到第 12 号机都改成了 Ju-52/3m 标准。Ju-52/3m 开始大批生产的型号是 Ju-52/3mge，配置的是三台按许可证生产的普惠"大黄蜂"发动机，单台功率提高到 660 马力，可乘坐 17 名旅客，最大平飞速度 250 千米 / 时，最大起飞重量 10 吨。

在 Ju-52/3m 的客户中，新成立的德国国营汉莎航空公司是最重要的。从汉莎在 1932 年 5 月获得第一架 Ju-52/3m 开始，Ju-52/3m 就成为汉莎机队的主要机型，整个机队有 3/4 的飞机是 Ju-52/3m，这种状况一直持续到第二次世界大战结束。

为什么汉莎公司会选择 Ju-52/3m 作为主要机型？1932 年 8 月 25 日，环阿尔卑斯山脉的飞行测试中，汉莎公司用装备了供氧装置的 Ju-52/3m 来和当时现役的主要机型道尼尔 DoK、福克 FXII 作比较，Ju-52/3m 成为绝对的获胜者。

在接下来的几个月中，汉莎还用 Ju-52 测试了飞行慕尼黑—罗马—米兰航线，这段航线最大的特点是中间要飞越阿尔卑斯山区，在同时代的所有运输机中，只有 Ju-52/3m 能飞这条航线。后来 1937 年 8 月汉莎公司在开辟柏林—中国航线时，又是 Ju-52/3m 飞越了海拔 7000 米的尼泊尔帕米尔山脉，可以说 Ju-52/3m 在汉莎公司取得巨大成功。

就这样，汉莎公司的巨大成功成为 Ju-52/3m 最好的广告，全球的航空公司掀起一股购买性能卓越的 Ju-52/3m 客机的热潮，其中有南美的阿根廷、巴西、乌拉圭、厄瓜多尔、秘鲁，还有南非、丹麦、挪威、意大利、英国、比利时、匈牙利、爱沙尼亚、希腊和西班牙……在芬兰、西班牙、瑞典，大量的 Ju-52/3m 作为民用班机使用。

在第二次世界大战前，容克公司卖出了 400 架 Ju-52/3m 客机。Ju-52/3m 可谓是大获成功，但是就在这个时候雨果·容克却迎来了他人生的黑暗时刻。因为雨果是一位反战人士，1934 年他因为反对战争被纳粹政府赶出了容克公司，被赶出自己公司让雨果情绪一直很低落，一年后便郁郁而终了。纳粹政府趁机接管了容克公司，在德国扩军备战的浪潮中，Ju-52/3m 也从民航机变成了以军事用途为主的军用运输机。

1935 年，纳粹宣布把德国空军独立出来，单独成立一个军种，空军的独立使得他们需要相当数量的轰炸机。但是经过调查发现，德国现有的飞机的性能都不是太好，都达不到他们的要求，万般无奈下，德意志帝国航空部只好抓紧研发新式的重型轰炸机，但在新轰炸机出厂前，只能将改造 Ju-52/3m 作为过渡的轰炸机使用。

紧接着，纳粹军方向容克公司订购 1200 架 Ju-52/3m 轰炸机。辛多也对 Ju-52/3m 进行重新设计，在机舱内的后部安装了用于自卫的机枪转塔，机腹下增设了可收放的机枪吊舱。客舱也被改成可以容纳 32 枚 50 千克炸弹的炸弹舱。由于 Ju-52 轰炸型是由 Ju-52/3mge 客机直接发展而来，所以正式型号为 Ju-52/3mg3e。虽然 Ju-52/3mg3e 成为了轰炸机，但是它的运输能力却保存下来，在短时间内机腹的炸弹舱就可以拆除。

然而因为容克公司在德索的工厂产力不足，而军方的订单数量又特别大，这导致其无法完成德意志帝国航空部 450 架 Ju-52/3mg3e 的要求。虽然雨果的第六个儿子克劳斯·容克和生产经理西德曼为此重新组织了全部生产工序，还引入了美国式生产流水线，但是德索工厂仍然达不到 60 架／月的生产能力。

为了满足军方的需要，在德意志帝国航空部的支持下，威瑟飞机厂得到许可生产 Ju-52，并且容克公司在伯恩堡又兴建了一座新工厂。容克公司在德索工厂总共生产了 70 架 Ju-52/3mg3e，剩下的飞机是由伯恩堡工厂和不来梅·恩斯沃丁工厂生产的。1936 年 7 月 20 日，经过改装的 20 架

➤ 飞行中的 Ju-52 运输机

Ju-52/3mge 飞机首次亮相于西班牙内战，也荣幸地成为德国空军独立出来后第一批参加实战的飞机。但在表面上这些飞机是属于西班牙马洛宣运输公司。刚开始，这些飞机只是做运输任务，曾经运送过超过一万人的摩洛哥军队和他们的装备进入西班牙。1936 年 8 月起 Ju-52/3mg3e 开始正式执行轰炸任务。后来随着战争的推进，战场面积越来越大，纳粹政府加配了更多的 Ju-52/3mg3e 轰炸型进入西班牙参战，有趣的是这些飞机还参加了轰炸马德里的任务，而马德里机场还停放着他的前身——汉莎公司的民用 Ju-52/3m。

1936 年 11 月 4 日，首架 Ju-52 在马德里附近被苏联战斗机击落。从此便一发不可收拾，接下来的几个星期，又有 6 架被击落。大量的损失一下子暴露出 Ju-52 速度太慢的缺点，1937 年 4 月，德国空军面对巨大的损失，无奈之下停止了全部 Ju-52 的轰炸任务，同时也把部署在西班牙的德国秃鹰军团撤回国内，佛朗哥获得了剩下的 14 架飞机。德意志帝国航空部根据在西班牙的实战经验，停止了 Ju-52/3mg3e 轰炸机的生产。但是 Ju-52 作为运输机来说在西班牙的表现还是杰出的，为此德意志帝国航空部宣布德国空军的标准运输机就是 Ju-52。

Ju-52 最经典的空降作战是在 1940 年 5 月德军入侵荷兰和比利时的战役中，这次战役 Ju-52 成功突袭了埃本·埃马耳要塞，且在运输士兵空降鹿特丹的任务中取得非常好的效果。虽然这次空降作战圆满成功，但是付出的代价也十分惨重，负责运输的 Ju-52 和它所载的空降兵伤亡惨重，而投入到荷兰的 430 架 Ju-52，有 2/3 未能返航，或损毁严重到报废状态。在战斗最为激烈的荷兰各大机场上，飞机残骸到处都是，无数架 Ju-52 被击落、击毁。光飞机损失不算什么，关键是这些飞机多为空军航校所提供，飞行员也都是负责训练学员的教官，这种损失是德国不能接受的。

当然 Ju-52 的悲惨命运还未结束，在 1941 年 5 月的克里特岛之战中，德国空降兵与他们的 Ju-52 再一次遭到了打击，这次战役 Ju-52 负责为隆美尔的非洲军团运送给养，但由于必经之路马耳他岛被英军占领，使得 Ju-52 不得不从危险的地中海飞行，但由于 Ju-52 速度缓慢的缺点，他们成为喷火战斗机的目标，被杀得是落花流水，从而导致德国空军元气大伤。也让德国空军在第二次世界大战剩余日子里成了看客，再也无力发动大规模空降行动。在这里不得不提的是 1942 年以后出现了奇特的现象，这一时期出现了 Ju-52 的损失速度超过了生产速度的奇景，就拿斯大林格勒战役来说吧，仅仅在为被困在斯大林格勒的德军空投物资的任务中，Ju-52的损失高达 450 架，损失飞机的重量是物资的好几倍，这也直接导致德军的 Ju-52 机队规模变小。

Ju-52 有着坚固耐用的机身结构、适合改装的起落装置和经济的燃油消耗以及杰出的短距起降能力，但是因为速度慢、自卫火力弱导致了大量的损失。

在 1935 年到 1944 年之间容克公司一共设计出了 14 种 Ju-52/3m 派生型，Ju-52/3mge 的生产一直持续到 1944 年。另外战争期间，在法国科伦布市的艾米特工厂也生产过 Ju-52。包括战后生产的 150 架，一共生产了400 架。战后生产的 Ju-52 服役于法国陆军，型号是 AAC.1 巨嘴鸟。

第二次世界大战末期西班牙航空公司（CASA）开始按照许可证生产Ju-52，总共生产了 170 架。第二次世界大战后 CASA 继续为西班牙空军生产 Ju-52，型号是 CASA352。由于第二次世界大战后无法获得 BMW132发动机，替代品是巴塞罗那·伊利扎德公司生产的发动机。为此 Ju-52 机鼻的发动机整流罩必须修改，所以西班牙战后生产的 CASA352 很容易辨认。西班牙直到 20 世纪 70 年代初空军还在使用 CASA352。

瑞士空军自 1938 年就装备了 3 架初期型 Ju-52/3m，这些飞机直到1984 年才退役，可以说是 Ju-52 服役之最了。时至今日，在汉莎航空公司和南非航空公司还有一些保养良好的 Ju-52 进行怀旧飞行。Ju-52 一共生产了 4835 架，虽然大部分是军用运输型，但是在残酷的战争中已损失殆尽，现今保存下来的大多是民用型号。

第五章

英国运输机

大型军用运输机被认为是大国军队的标配。世界上能够生产这种飞机的国家少之又少，但英国却是个特例，该国凭借雄厚的工业实力，早在20世纪60年代便开发出自己的大型军用运输机。

高空货车——SC-7运输机

SC-7是一种具有短距起降能力的小型多用途运输机，因为SC-7的机身侧面为方形，和货车的车厢很像，所以人们给他起了个绰号"高空货车"。

SC-7是英国肖特兄弟和哈兰德有限公司于1959年生产的19座双涡轮螺旋桨飞机，主要用于短途货运和跳伞运动。SC-7是一种上单翼双引擎飞机，配有支撑、大展弦比机翼以及方形机身，配有中置式尾翼和双方向舵。

1960年在锡德纳姆机场开始建造，原型机于1963年1月17日首飞，由两台活塞式发动机驱动。后来在1963年，原型被重新配备了涡轮螺旋桨发动机。1968年，生产转向Skyvan3系列飞机，用盖瑞特艾雷赛奇TPE-331-201涡轮螺旋桨发动机替代Astazou发动机。1986年停产，包括军用机型在内，一共制造了150架。

➢ SC-7运输机

"贝尔法斯特"——SC-5运输机

　　SC-5"贝尔法斯特"是由英国肖特兄弟公司研发的一种四发大型涡桨运输机，它能够运送陆军重型装备，如大口径火炮、导弹系统，能够一次运输 200 名左右的全副武装人员。SC-5"贝尔法斯特"有着和 C-141 一样的 T 字形垂直尾翼，最大起飞重量可以达到 190 吨，军用型号的最大载重达到 54 吨，动力采用了罗尔斯·罗伊斯公司的"苔因"RTy-12 引擎，螺旋桨采用的是霍克西德利的 4 叶铝合金螺旋桨。

　　"贝尔法斯特"总共有以下几个改型：

　　SC-5/10 是第一种改型，于 1959 年 2 月开始设计，同年 10 月开始生产。第一架原型机于 1964 年 1 月 5 日首飞，目的就是用来运输重型军备。第二架原型机是在 1964 年 5 月 1 日完成首飞，1966 年 1 月 SC-5 开始服役，一共生产了 10 架，英国皇家空军称之为"贝尔法斯特"C-1，与之相对应的民用型号是 10A，作为客运飞机能够搭乘 147 名乘客或者大型货盘、大型民用车辆等。和军用飞机相比，它取消了自动着陆系统、空中加油系统、军用电台、导航设备。飞机上的空调设备也更换为较为简单的，这些措施使得飞机的装载能力得到了有效提升。民用的飞机能够装载 22680 千克的货物飞行 4825 千米。

➤ SC-5 运输机

接着就是 SC-5/13，虽然也是改装型，但是改动地方很少，然而仅仅很少的改动却让飞机性能有了显著的提高。最为重要的一个改动就是更换了大直径螺旋桨，这样飞机在装载货物重量不变的情况下，可以携带更多的燃料，即从 36.61 吨增加到 43.54 吨，使得飞机的最大起飞重量达到了 113 吨以上。

后来，皇家空军想用它来代替陈旧的"沙克尔顿"运输机，所以在这个基础上，后来又开发了海上巡逻型。

最后一个改进型就是 SC-5/41，这个型号是改型最成功的，肖特兄弟公司在改动时把目光瞄准了美国的 C-141 运输机，采用全新设计的机翼和 RB178 发动机形成组合，和 C-141 一样采用 T 字形垂直尾翼，最大起飞重量可以达到 190 吨，军用型号的最大载重达到 54 吨，实现了打造属于英国人自己的大型喷气运输机的梦想。然而此时的肖特兄弟公司处在政治角逐中，尽管雄心勃勃地想让这种大气的运输霸王占领英国市场，然而最后只能以失望的心情送别了 SC-5/41。英国皇家空军把大部分资金投入

到购买美国人的大力神运输机上，最终只是象征性地购买了 10 架。

虽然贝尔法斯特的营销是失败的，但不能否认 SC-5/41 的优势，它比"大力神"要更好。飞机采用 4 人座舱，一般能够装载 150 名士兵，最多可达 250 人。动力采用了罗尔斯·罗伊斯公司的"苔因"RTy-12 引擎，采用霍克西德利的 4 叶铝合金螺旋桨，直径达到 4.88 米，机翼内两边各有 3 个油箱，这让飞机可以飞得更远。

其他国家运输机

在现代战争中，运输机是考验一个国家军事能力的基本要件，尤其是被称为"大国之翼"的重型运输机更是战争中的重要力量。所以各国都在研发属于自己的运输机。

Chap.6

自给自足——C-1运输机

C-1是日本川崎重工研制的双发中型战术运输机，主要目的是取代老化的C-46运输机。C-1的设计要求是要有一定的续航能力（不用中途加油可以在日本列岛内飞行），具备随时随地空投、空降能力和短距起落能力等。

C-1于1966年开始设计，1967年9月基本完成设计工作。1969年夏开始制造第一架原型机，1970年8月完工，1970年11月12日进行了首飞；1969年秋开始制造第二架原型机，1971年1月完成了首飞。C-1运输机的整个研发耗费也是相当巨大的。

1972年3月，日本防卫厅与川崎重工签订了首批2架生产型C-1的采购合同。1973年12月13日，日本航空自卫队人间基地第四〇二飞行队对第一架量产型C-1进行实际使用实验。1976年1月1日，C-1正式成为航空自卫队主要运输机。1981年C-1停产，至此C-1总共生产了31架。

C-1在设计上和美国C-141运输机基本一样，只是机身的设计比C-141

➢ C-1运输机

➢ 日本 C-1 运输机

短得多，好像胖头鱼。因为 C-141 是第二次世界大战后世界上第一种完全基于货运生产设计的大型喷气式军用运输机，因此模仿 C-141 的 C-1也同样具备了现代军用运输机的典型特点，包括悬臂式上单翼、多轮式主起落架、翼吊式喷气发动机、悬臂式高置 T 形尾翼、可收放式装卸坡道和蚌式尾门等。

那么为什么使用悬臂式上单翼呢？首先，悬臂式上单翼可以让发动机有足够的离地高度，可以有效地防止吸入异物，这样飞机就可以在土跑道上安全起降；其次，有效地腾出翼下空间，使货舱地板离地面更近，物资装卸更加便利。C-1 的机翼为后掠式，前缘后掠角为 20°，并且应用了前缘缝翼及外吹式襟翼系统等增升装置。这是由于 C-1 在设计时，还没有出现超临界翼型，因此使用的还是传统的临界翼型，传统机翼最大的毛病就是在高亚声速飞行时阻力较大。

高置 T 形尾翼的优点是平尾位置较高，这样可以避开机翼下洗气流的冲击，主要是避开发动机向后喷出的气流干扰，提高了气动效率；而且高平尾更方便运输机装卸大尺寸货物、装备以及进行空投、空降。另外，这种设计使平尾相当于垂尾的端板，因此还能使垂尾的气动效率提高。在 C-1的 T 形尾翼中，垂直尾翼与机身连接处向前伸有小背鳍，后端是嵌入式单片方向舵；平尾为全动式，后缘为升降舵。

C-1 使用的起落架是液压可收放前三点式，其中前起落架为双轮，后起落架为 4 轮。前起落架在起飞后可以向前收入到机身内，后起落架则向前收入到机身两侧整流罩内。

C-1 的货舱设计对于工作人员来说相当方便，可以运输多种规格的货物。地板上安装系留装置，在运送车辆这类带轮子的货物时，可以使用平坦的货舱地板；在运送集装箱或其他类似的货物时，可以换成带有滚轴的地板；在运送人员的时候，可在舱壁上加装临时座椅，也可在地板上加装座椅。为了操作人员和搭载人员的舒适性，C-1 的货舱采用增压货舱设计，并且装有空调。

C-1 的最大载重量仅仅为 8 吨，通常载重能力 6.5 吨，这个运输能力在同类运输机中是最低的。在运输车辆时，货舱内最多可容纳 3 辆吉普车之类的小型车辆；在运输人员时，只能搭载 60 名士兵或 50 名伞兵；在执行救护任务时，货舱内也仅仅能容纳 36 副担架。

C-1 的机组乘员为 5 人，包括正副驾驶员各 1 名、飞行工程师 2 名、装卸员 1 名。

C-1 的动力装置——2 台由美国普拉特·惠特尼公司在 J52 涡喷发动机基础上研制的 JT8D-M-9 轴流式涡扇发动机，是由三菱重工按许可证生产的。JT8D-M-9 属于小涵道比涡扇发动机，涵道比为 0.96 ~ 1，单台推力 64.5 千牛。由于动力强劲，因此 C-1 具备极佳的短距起降能力，最短起飞距离 460 米，最短着陆距离 600 米。但是，JT8D-M-9 发动机噪声较大，在 C-1 投入使用后，部署基地周边的居民就不断对其噪声扰民进行投诉，甚至还发起了"抗飞"运动。不仅如此，C-1 的机组乘员也对噪声和机身振动满腹怨言。有鉴于此，日本航空自卫队只好尽量减少 C-1 的飞行频率，特别是夜间飞行频率。

C-1 还有很多缺点，最大的缺点是航程短。作为一款最大起飞重量 38.7 吨的 q1 型运输机，空载情况下的最大航程仅为 2400 千米，刚好是比 C-1 稍晚服役、基本同吨位的苏联安 -72 运输机的一半，甚至不如苏联更小、更早服役的安 -26 涡桨运输机的最大航程。如果与西方中型运输机相比，C-1 的航程指标就更不值得一提。像意大利与 C-1 同期发展的 G222 涡桨运输机最大起飞重量 28 吨，空载航程却达到了 4663 千米。虽然涡桨发动机比涡扇发动机省油，但从同样采用涡扇发动机的安 -72 比 C-1 大得多的航程情况看，C-1 航程短的根源不在采用涡扇发动机上。实际上，日本在设计之初只要求 C-1 能以岐阜为中心，向北至北海道、向西南至九州进行往返即可，这是由于日本自知有第二次世界大战中的侵略历史，不得不考虑到亚洲各国的反应，所以其航程指标不敢定得太高。此外，当时冲绳还在美国全权控制下，没日本什么事儿，所以日本也无法考虑让该机的航程满足从本土飞到冲绳。结果导致 C-1 不能装载较多燃油，航程也就成了世界上中型运输机里最短的。

对在日本本土运输来说，C-1 航程短不算什么大问题，但是当美国在 1968 年将小笠原群岛治权交还日本，在 1971 年 6 月 17 日与日本签订《冲绳返还协定》并于 1972 年 5 月 15 日正式将冲绳治权交还给日本之后，C-1 航程不足的弱点开始变得令航空自卫队无法忍受，因为该机无法搭载货物在本土与冲绳之间进行往返，也不够在冲绳与小笠原群岛中的硫磺岛之间往返。然而，当时的日本政府和国会还有一大堆其他事情需要处理，政坛内斗也很激烈，基本顾不上解决 C-1 航程短的问题。

到 20 世纪 70 年代末，日本才对最后 5 架 C-1 进行了增加航程的改装，主要是扩大机内货舱，增加了一个载油 4730 升的附加油箱，使空载航程提高到 3000 多千米。但这只是没有办法的办法，因为增加附加油箱后，有效载重量大幅降低，这意味着 C-1 在执行本土与冲绳以及冲绳与硫磺岛之间的运输任务时效用太低。后来随着美制 C-130H 在 20 世纪 80 年代的引进，日本航空自卫队才基本解决了本土与冲绳之间的空运问题。

1983 年，川崎重工还将一架 C-1 改装为 EC-1 电子战训练飞机。机头雷达整流罩设计成了"香肠"状，尾部货舱门也改装为鼓起的雷达整流罩。此外，机身两侧前后也各安装了两个整流罩。在这些改装的整流罩内以及机身内装有大量机载电子信号收集设备、日本自研的 J/ALQ-5 电子干扰系

> 日本航空自卫队的 C-1 运输机

统以及通信设备等。此外，川崎重工还将 C-1 的 1 号原型机改为 C-1FTB 空中试验平台，用来测试各种航空新设备以及进行发动机的空中飞行试验。

　　日本航空自卫队拥有的 C-1 运输机数量为 26 架，有 3 架在服役期间坠毁，1 架在人间基地因事故受损而遭废弃。为弥补损失，2 号原型机被改造为量产型加入现役。

多面手——XC-2运输机

　　XC-2 运输机是由日本川崎重工业公司研制，为了接替日本于 20 世纪 70 年代生产的 C-1 运输机而设计的一种新型运输机。

　　由于受了 C-1 运输机的影响，XC-2 运输机在设计上有一个明显特点，特别注重大型化，所以这架飞机长度达 43.9 米，翼展为 44.4 米，高为 14.2 米，最大运载重量可达 30 吨（而 C-1 运输机只有 7 吨多点），最大起飞重量达到 140 吨左右，而且续航能力也有大幅提高。

　　2010 年 5 月日本川崎重工业公司将一架 XC-2 大型运输机交付日本航空自卫队进行试飞测试，这标志着 XC-2 大型运输机正逐步走入正轨。

　　XC-2 运输机还是个"变形金刚"。如果军方需要，它随即可以"变身"，

➤ XC-2 运输机

成为空中加油机、空中预警机、远程侦察机或者战略轰炸机。

　　"XC-2"是与 2008 年 8 月已交付防卫省的海上自卫队新一代固定翼巡逻机"XP-1"同时研发的。这是因为两款新飞机有部分部件可共用，可以有效地节省研发成本。XC-2 运输机研发项目是在 2001 年启动的，根据原计划的要求是 2007 年 9 月完成第一次试飞。但由于在组装完成后发现机身的强度不够，于是只能重新设计机身，结果试飞时间被大幅度向后推迟了。这导致了防卫省自卫队在 2013 年才实际装备上这种运输机。

　　2011 年 1 月 27 日，日本 XC-2 大型运输机进行首飞测试（此时该机还未交付自卫队，归川崎公司所有）。第一次飞行历时约 2 小时 10 分。此次飞行由 2 架 T-4 进行交替伴飞，与 XC-2 原型机首飞的时候由 2 架 T-4 进行全程同时伴飞是不同的。另外，这架飞机与首架试飞的原型机略有不同，这架已经接近实用型，是日本发展大型运输机的阶段性成就。

　　2012 年 1 月，XC-2 运输机在日本北海道"千岁"基地飞行试验场进行了俗称"结冰"的飞行实验。所谓"结冰"飞行实验就是在零下 30 ～ 40℃恶劣气候情况下，将 XC-2 运输机露天停放 14 天，在飞机表面结冰厚度达 2 ～ 5 厘米的时候，技术人员给 XC-2 注入航空燃料，在没有进行任何除冰、除雪工作及没有机械运转热身情况下直接进行飞行。当日川崎重工在起飞重量 140 吨条件下完成了 1 小时 32 分钟飞行试验。

➤ XC-2 运输机正面图

2013 年 5 月，日本航空自卫队新一代运输机 XC-2 样机开展各项试验，XC-2 的各项试验持续到 2014 年末，同时也进行量产型的生产。

2014 年 1 月 17 日，日本防卫省发布消息称，2014 年 1 月上旬进行的一项新型 XC-2 运输机研发实验失败，导致研发过程受阻。

为在 2014 年内完成 XC-2 运输机的研发工作，新机型在航空自卫队岐阜基地进行技术与应用实验。

2014 年 1 月 7 日，为确认机体能否在维持稳定气压下进行高空飞行，实验人员将样机内部气压升至外部的约 1.2 倍。但就在此时，该样机的货物门和后部机体都发生了变形损坏。

2016 年 6 月 30 日，日本川崎重工为日本航空自卫队开发的军用运输机 C-2（又称 XC-2）于上午举行了入列仪式。日本航空自卫队计划购买 40 架飞机，以取代已经老化的川崎 C-1 和 C-130 运输机机队。

飞行货车——C-160运输机

C-160 运输机是于 1959 年初开始研制的双引擎战术运输机。是由法国航宇公司、原德国 MBB 公司和联合航空技术 - 福克公司合作研制的。主要任务是运送军用装备、军需品和军用车辆等，最大的亮点是可以在简易跑道上进行起飞和降落。

第二次世界大战后，西德与法国开始走上共同发展的道路。于是两国开始尝试联合研制某些武器，其中之一就是对部队机动性和补给都有重大意义的中型运输机。

1957 年 1 月，由于法国政府和联邦德国政府各自的主力运输机还是老旧的 C-47 运输机，所以决定合作开发一款双发运输机来替换。但是双方的军事观点在这时出现了分歧，法国军方主张研发一种远程战略运输机，而西德军方则想按照北约要求，研发一种能对战区部队进行直接战术支援的运输机。

虽然出现分歧，但是没有影响合作，1959 年 1 月，两国就生产新型运输机项目建立了运输机联盟，这个联盟的成员是法国的诺德航空公司和西德汉堡飞机制造厂旗下的联合航空技术 - 福克公司。该机配备了两台罗

➤ C-160 运输机

> C-160 运输机卸载作业中

尔斯·罗伊斯"堤尼"MK22 涡轮螺旋桨发动机。该发动机由加拿大开发，直径 5.48 米，重达 760 千克的四叶形螺旋桨可将"堤尼"发动机功率提升到 5744 马力。

1963 年 2 月，第一架样机出厂，被命名为 C-160。

1963 年 3 月 25 日，C-160 运输机完成首飞，首飞后德方进行两项改进，为了测试性能又生产出 6 架样机。

1967 年，西德空军与法国空军下达了第一批订单，其中西德空军订购了 110 架 C-160D，法国空军订购了 50 架 C-160F，共计 160 架。同一年南非空军也订购了 9 架 C-160Z。

C-160 的机组成员一共四名，包括正副驾驶员、随机工程师和导航员。机舱最多可容纳 93 名乘客，最大载重量 16 吨，最大起飞重量 51 吨，最大空投重量 8 吨，最高速度 593 千米 / 时，最大航程 8858 千米。

1972 年，C-160 运输机生产了 169 架后停产。1976 年 10 月，法国和西德又达成新协议，各自以 50% 的工作量生产 C-160 的改进型，总装线

设在法国的图卢兹。改进后的 C-160 更新了航电设备，加强了机翼，又加装了副油箱，以延长航距。改进后的 C-160 共生产了 31 架，这 31 架包括法国空军的 3 架夜间运输型、4 架援助印度尼西亚的民用型但是后来被其军方征收；6 架 C-160 在机身加装了电子接收天线；其余的飞机被改进为 C-160NG，最大的外部识别特征是座舱罩上方伸出的空中加油管，这些飞机同样被赋予空投补给的任务。

　　C-160 运输机服役后，令其功能最大化的无疑是建军标准较高的法军。法军甚至还以其为平台改进出了电子侦察机和潜艇通信中继机。C-160H 型是一种通信中继改型，共生产了 4 架，1987 年交付法军。该机可以完成与法国战略弹道导弹核潜艇的通信工作，配备了抗干扰 VLF 通信设备，包括 Rockwell 公司和 Thales 公司的系统部件，并带有尾部拖曳天线。C-160 还发展出了 Gabriel 电子侦察型，同样在法军服役。该型号可收集敌方的电子信号情报，座舱内经过改造，安排了多个情报收集工作系统和操作手座席。1999 年法军完成了对 C-160 的升级工作。座舱内新增平视显示器，

➤ C-160 运输机

改装了新型自卫干扰电子战设备，加装了 EFIS854TF 飞行控制系统。

如今的 C-160 已退出一线，它的使命被新的 A400M 运输机取代。

空中客车——A400M军用运输机

A400M 是由设在马德里的空中客车军用机公司设计，多家欧洲著名公司参与研发，西班牙的塞维利亚总装厂负责总装的运输机，可以说这是欧洲自行设计、研制和生产的新一代军用运输机，也是欧盟国家通力合作的规模最大的武器联合研制项目。

随着时代的进步，1950 年服役的"大力神" C-130 运输机已经无法满足现代战争要求，世界战术运输机市场存在巨大缺口，空客 A400M 看准时机，应运而生。

自 1960 年开始，北约各国装备的运输机为美国的 C-130 战术运输

➤ A400M 军用运输机

➤ 执行跳伞训练任务的 A400M 军用运输机

机，大量的装备导致这种四发螺旋桨运输机产量有了井喷式的提高，超过 2000 架，也成为了使用率最高的运输机，在 20 世纪 50 年代以后几乎所有的战争中都能看到它的"身影"，也在历次局部冲突和维和行动中起到了重要作用。后来，经过几十年服役和不断地改进，C-130 一直是西欧各国空军运输机的"主力机型"，直至 20 世纪末，由于 C-130 运输机 30 年设计寿命即将到期，世界各国在 30 年前购买的超过 1500 架的 C-130 面临退役。新的运输机被提上日程。此时运输机的战略需要也发生了变化，新的运载平台诞生，这也让世界各国认识到，发展新一代战术运输机迫在眉睫。当然也不只是战略发展需求，关键是超过 1500 架运输机需要更新的巨大市场潜力的诱惑让人无法拒绝。但是美国在短时间内并没有更新战术运输机的打算，而且还在不断地对即将淘汰的 C-130 做改造，美国的这个举措让欧洲各国觉得自己研发也挺好，同时欧洲人也希望有自己的独立品牌，不能老是让美国对战术运输机这个传统领域实施控制。

　　1982 年，欧洲的 4 家著名的航空公司：英国宇航公司、法国宇航公司、原西德 MBB 公司和美国洛克希德·乔治亚公司决定合作，他们成立了联合工作小组，决定共同探讨合作研制未来国际军用运输机。同时也达成了最初愿望：联合研发 FIMA 来替换面临退役的 C-130 战术运输机，以及在原西德、法国空军中服役的 C-160 战术运输机。但现实却不是这样的，因为在概念研究阶段的时候，这个合作体其实就已经"分道扬镳"，没有一个统一的思路。因为自身的需求不同，导致欧洲与美国对新型运输机的要求也不同。刚开始大家还能心平气和地互相妥协，参与合作的欧、美公司根据相关国家的不同需求，确定研发两种机型——FIMA-A 和 FIMA-B。

虽然确定了两种机型，但在讨论中又出现了新的分歧，英、法两国主张研发较大的 A400M 军用战术运输机，也就是 FIMA-A 方案。他们根据在马尔维纳斯群岛、扎伊尔的作战经验认为研发一种配备 4 台涡轮风扇发动机，可从长约 915 米的混凝土跑道上起飞，能够运载 29.5 吨货物，能运载"超美洲豹"直升机和自行火炮的大型运输机；德国人则倾向于研发一种 4 台涡桨发动机，最大起飞重量为 80 ~ 85 吨，货舱横截面的宽度和高度为 3.6 米 ×3.5 米，可将 20 吨货物空运至 2000 千米外的较小的战术运输机；而美国人却想研发一种可在长约 460 米土跑道上强行起降的"超短距起降"战术运输机。

每一家公司的需求都不一样，一时间四家公司陷入僵局。为了能够让项目进行下去，4 家公司重新回到谈判桌前，再一次对 FIMA 的性能进行了改动：为了兼顾各国不同的需求，新的设计方案是：FIMA 定位为一种基准型战术运输机，配置涡轮螺旋桨发动机，最大起飞重量为 87 吨，要具有空中受油能力。最重要的一点是，保留具有足够的兼容性，可以满足不同改装需求，可以更改为"重型"FIMA 或"轻型"FIMA。随后，合作体一致同意了这个设计要求。

1987 年，这个研发队伍进一步扩大了，他们又吸纳了西班牙航空制造公司和意大利的阿莱尼亚公司。这样小组中的欧洲队伍更加强大了。欧洲国家话语权的加大，导致 FIMA 小组逐渐倾向于满足欧洲需要的方向，与美国提出的"先进技术战术运输机"概念之间的差异也越来越大。美国与欧洲各国的研发矛盾再一次爆发，虽然美国参与这个项目只是为了纯粹的利益。因为美国拥有配置完备、列装齐全的庞大军事空运系统，除了 C-141、C-5 战略运输机外，还有 C-17"环球霸王"Ⅲ战略运输机。后者既具有过去只有战略运输机才拥有的强大运载能力、远航程和更快的飞行速度，还可以像中小型战术运输机一样在简易的机场起降。正是由于这个原因，美国人想让 C-130 这一级别的运输机能直接抵达更多的地区、更深入前线、更直接地介入地面作战行动，所以美国根据自己的需要认为新研发的战术运输机必须是一种短距离起落的飞机，以弥补自己空运系统的短板。相对美国而言，西欧各国的军事空运系统不但规模很小，而且连最基本的战略运输机也没有，很多大型的武器装备无法运输。所以欧洲人目前急需的就是拥有大的运载能力和航程的运输机，以满足其快速反应集群对空运系统的要求。为此，欧洲各国统一认为，新研发的战术运输机必须是一种可兼顾战略、战术空运任务的中型运输机，而不是美国期望的 C-130 "超短距起降版"。

1988 年，合作体起草了"欧洲总目标纲要"确定未来大型军用运输机的方向。设计要求中的"欧洲色彩"更加浓厚：FIMA 的设计要求与 C-130 战术运输机相比，载重和航程性能更加出色，机身货舱更宽、更高，容量更大，巡航速度更快，舱内噪声水平更低。此外，他们还明确将 FIMA 界定为常规起落飞机，不会配置超短距起降所必需的增升装置。欧洲各国根据自身实际需求来研制新型运输机，美国基本被踢出小组。

1989 年，被架空了的美国洛克希德公司宣布退出研发小组。至此合作体 5 家欧洲成员公司组成"统一战线"，并于 1991 年 6 月在意大利罗马联合成立一家共担风险的有限责任公司，继续负责新机的研发、制造、支持和管理，FIMA 也随之改称为"未来大型飞机"（FLA）。此外，该合作体还把欧洲未来大型军用运输机的"欧洲总目标纲要"做了进一步的完善，并重新界定了 FLA 的要求：4 涡桨发动机，常规气动布局，最大载重量 25 吨，最大起飞重量 110 吨，航程 4600 千米，巡航速度 740 ～ 830 千米 / 时，货舱高 3.6 米，可在 915 米长的简易跑道上起降，容积比 C-130 大 60% 以上，能载运除主战坦克以外绝大部分陆军武器装备，如武装直升机、地空导弹发射车、步兵战车等，并能在各种高度上进行全天候空投、空降。

> 降落中的 A400M 军用运输机

　　1992 年，合作体再一次注入新鲜血液，比利时和土耳其也加入组织，成员国一下子变成了 7 个，1993 年，他们签订了谅解备忘录。1993 年第二季度，FLA 的可行性预研也如期完成，10 月该项目全面启动。但是，随着越来越多的国家加入合作体，产生了许多问题，出现了新的分歧，各国对生产任务和研发经费的分配比例提出了异议，这些国家都想少分摊一些研发经费，多分配到一些生产任务，这种想法导致合作体成员国产生裂痕，导致 FLA 的研发进度大受影响，当然造成这个原因并不只是分歧问题，更多的是欧洲各国在"欧洲战斗机"的项目上耗费了太多的精力的缘故，种种因素使得各成员国对该项目的信心不是很强。面对这种情况，英国政府首先退出，因为英国皇家空军的 C-130K 即将退役，英国比其他国家更加着急。最重要的原因是因为新研发的军用运输机的采购与交付时间会很长，解决替代机型的问题却不能耽搁太久，如果到那时没有新的运输机加入，皇家空军的军事空运系统将出现不小的空档。无奈之下，英国人将目光又转到了美国 C-130J 运输机的身上。不过虽然英国政府宣布退出，但是英国宇航公司却没有放弃研究，他们坚持"自费"参与 FLA 项目。不久法国也出现了危机，他们根据多年度财政预算，决定取消了相关的研发经费。就这样，英法相继退出了合作体。虽然英国和法国退出了，但是合作体的进展反而加快了，1995 年 5 月，他们完成可行性研究，1996 年开始转入预研制阶段，并制定了一套全面的规范。

1994 年 12 月，被逼无奈的英国匆忙从美国订购了 25 架 C-130J 战术运输机，虽然解决了危机，但是英国也想为自己留一手，对外公开表示，如果 FLA 完成可行性研究，他们会考虑重新加入，并宣布购买 40 ~ 50 架 FLA 的意向。两年后，FLA 完成可行性研究并转入预研制阶段，英国也兑现了自己的承诺重新加入合作体，而且法国也就坡下驴，重新恢复了其对合作研发、购买 FLA 的热情。就这样，英、法国两国吃了回头草，接着西欧七国共同通过了一项协议，初步明确了各自欲购买 FLA 的架数，最后确定的需求为 228 架。但是协议签署不久后，德国人对俄罗斯和乌克兰联合研制的安 –70 大型运输机萌生了想法，德国不顾其他国家的反对，执意要把该机作为欧洲未来大型军用运输机备选方案，并对这个的问题进行探讨。德国之所以这么热衷安 –70，是因为在总理科尔执政时期，为取得在东欧的影响力、确保德国在俄罗斯及乌克兰的利益。同时，德国政府担心 FLA 计划一旦失败该怎么小，所以有意支持乌克兰研制的安 –70 作为备选方案。

这里简单地介绍一下安 –70，它的货舱宽 4 米，高 4.1 米，最大商载达 47 吨，比美国 C-141"运输星"和俄罗斯伊尔 –76 大太多，它非常适合装载大型货物。另外，除了拥有出色运载能力外，安 –70 还具备和战术运输机一样优秀的短距起降能力、接近于涡扇发动机运输机的巡航飞行速度，其采购、使用与维护成本相对较少，只相当于其他同类重型运输机的几分之一，这些条件是德国梦寐以求的。而此时的 FLA 项目还停留在纸面上，不知何时才能"飞起来"，而安 –70 早已完成多次试飞，已于 1998 年 8 月交付俄罗斯空军开始进行飞行测试。

正当德国人为了安 –70 与 FLA 如何选择和合作体吵得不可开交的时候，意大利火上浇油宣布退出合作体，并向美国伸出橄榄枝，订购了 18 架 C-130J 战术运输机。而德国人在力推安 –70 时，英国和意大利的一些政客们认为使用美国制造的运输机是政治的耻辱，对采购 C-130J 大加批评。FLA 项目再一次遇到了争议。正是因为德国科尔政府政治性地倾向于安 -70 运输机的这一行为，FLA 的进度被严重延误了，项目再一次延后。就这样一直到 1998 年，FLA 才最终完成了预研，转入正式研制阶段。最初方案也被改得面目全非，此时的方案追求的是：有效载荷更大，相应的货舱面积更大，航程更远，巡航飞行速度更快的"四更"方针。合作体的最初协定就这样在数次"内耗"冲击下，变得异常不稳定，严重滞阻了FLA 的进程。

为了能让项目顺利进行下去，合作体开始探寻通过一种商业化途径来研发 FLA，以应对个别国家的突然撤出。在经历多次波折之后，欧洲空客公司成立专门的军用机部门（AMC，也即是后来的空客军用飞机公司），开始接管 FLA 项目。该公司把 FLA 项目列入空客公司的民用机研发模式管理下，将其研发工作拉入到商业化运作轨道上。规定原合作体成员国将依各自采购的架数拥有该公司的相应股份。最后股份确认为：空客公司占63.8%，欧洲宇航防务集团（EADS）占 25.5%，土耳其占 5.1%，比利时占 4.1%，葡萄牙 1.5%。为了保证研发费用不会出现断档，空客公司决定只有达到一定数量的购销合同之后，才能启动 FLA 研制工程，并保证FLA 将在合同签订后的 51 个月内首飞、71 个月内开始交付用户。可是后来空客却打了自己一耳光，制订规则的他们却并没有达到当初的承诺，首飞时间仍大大延期，当然这是后话，暂且不提。

1999 年 2 月，空客公司正式向原 FLA 合作体成员国提交了其关于"欧洲未来大型军用运输机"的投标书。在投标书中，FLA 被改名为 A400M。但这次竞标对手很多，美国 C-17 战略运输机、C-130J 战术运输机以及乌克兰安 -70 大型运输机均积极参与投标，A400M 项目面临了巨大的压力。但是空客军用飞机公司却信心满满,因为它手中握有"政治"和"经济"牌——经济上，原合作体各成员国或多或少都拥有空客军用飞机公司的股份；政治上，科索沃战争后"欧洲一体化"再次炙手可热，在极有利的大环境下，善于经营的空客公司大打"感情牌"，将对 A400M 运输机支持与否的问题"升级"成了对欧洲防务一体化的政治态度问题。最终，空客军用飞机公司在众多竞争对手中胜出，A400M 成为笑到最后的赢家。

2000 年 8 月，欧洲七国和土耳其联合对外宣布，空客公司的 A400M 成为他们选定的欧洲未来大型军用运输机必备机型，并表示要采购 225 架的愿望，其中德国 73 架、法国 50 架、西班牙 27 架、土耳其 26 架、英国 25 架、意大利 16 架、比利时 7 架、卢森堡 1 架。2001 年 3 月，葡萄牙也把该机加入到购买心愿单，宣布他们将购买 4 架，并积极要求加入相关的研发工程中。

2001 年，巴黎举行了航展，八国在这次航展中正式签署采购备忘录，明确了将要购买 A400M 的数量，但采购数量却与之前有所不同，一共减少了 29 架，具体为德国 73 架、法国 50 架、西班牙 27 架、英国 25 架、土耳其 10 架、比利时 7 架、葡萄牙 3 架、卢森堡 1 架。虽然这次签署的采购数量减少了，但总数仍超过了空客军用飞机公司认为启动 A400M 运输机实质性研发工程所需的最低订购架数 180 架。

2003 年 5 月 27 日，欧洲防御采购局代表七个 FLA 项目启动国与空客军用飞机公司在德国的波恩正式签署 180 架 A400M 军用运输机的采购合同，这次合同成为欧洲有史以来最大的军事订单之一。根据合同，各国采购数量为德国 60 架、法国 50 架、西班牙 27 架、英国 25 架、土耳其 10 架、比利时 7 架、卢森堡 1 架。这一合同的签署标志着从"未来国际军用运输机"（FIMA）一直到"未来大型飞机"（FLA），经历了长达 21 年的曲折坎坷的欧洲未来大型运输机，终于迎来了迟到的春天。

2005 年 1 月，在七个欧洲发起国的代表、政府官员和空客公司军机项目的高级主管的见证下，A400M 项目在空客德国公司的工厂举行庆祝仪式，庆祝第一个下机身框架的加工成功，这也标志着该项目进入到主要机身部件的生产阶段。加工成功的是一个机身中段的部件，是从一块铝板加工出来，长度为 5.4 米。共有 18 个这样的隔框支撑地板和主要机身结构。这个部件加工的原材料有两吨多重，但是最终完成的隔框重量却只有有 25 千克，其他的都成了废料。当然不能这么浪费，剩下的废料还可以全部回收再利用。

A400M 的项目之所以能成功离不开空客公司的加入，因为以过去军用运输机研发生产的管理模式是不可能成功的，只有借鉴民用大型客机上各种成熟的实践经验才是正途。在 A400M 项目中，首次创造性地采用了"边设计边制造"和"首架即为量产型"的模式，这是研发生产管理最大的特点。"先设计完成先制造"的首个部件是在 2005 年 1 月开始制造的下机身框架，当时还有很多其他部件的设计并未完成，将在具体设计完成后再陆续投入生产。这充分体现了空客 CAO/CAM 计算机辅助设计与制造的先进水平和精湛的加工工艺水准。

根据研制计划，A400M 没有原型机，第一架飞机即是量产型，在首飞后 18 个月直接交付给客户，这在大型飞机的研制史上还是第一次。过去，世界各国研制新机的策略是，先制造数架原型机作为测试之用，然后根据情况逐步完善，只有经过改进的量产型达到要求才正式投产。这样的做法虽然稳当，但是比较费钱、费时。而空客公司则依靠自己数十年来在民用大型客机方面所积淀的深厚功底，在 A400M 项目上大胆采用不制造原型

➤ 飞行中的 A400M 军用运输机

机，首架飞机即为量产型的模式，虽然这样做的风险很高，但为空客省出大量的研发成本和时间。

按当初的分工计划，A400M 的玻璃座舱和飞控系统、机翼的中心翼盒、机身的机头段和发动机短舱由法国玛特拉宇航公司负责研制；机翼的外翼盒由英国宇航公司负责研制，中机身后段和垂直安定面由德国的戴姆勒·克莱斯勒宇航公司负责研制；最后由西班牙飞机公司负责总装。另外，后机身和货运系统则由意大利的阿利塔莱娅公司负责，机翼前缘和襟翼的生产由比利时的弗莱贝尔集团负责，中机身前段和起落架舱、舱门和升降舵由土耳其宇航工业公司负责制造。

为了利益最大化，A400M 项目除了欧洲国家参与，空客公司还积极争取欧洲以外的国家加入其中。功夫不负有心人，南非政府成为第一个 A400M 项目的非洲参与国，2005 年 4 月，他们与空客签署了加入 A400M 运输机研制与制造项目的意向书。

新加入 A400M 项目的南非也分配到了自己的负责项目，南非丹尼尔航空公司负责的是机身上部壳体和碳素复合材料机翼—机身整流蒙皮的制造，2006 年 6 月 8 日，南非制造的第一组机身上部壳体开始交付。南非空军计划采购 8～14 架。同年，马来西亚和智利也宣布购买 A400M，分别签订 4 架和 3 架的采购合同。

2009 年 12 月 11 日，经历多次挫折的 A400M 军用运输机完成组装，首架空中客车在西班牙塞维利亚进行首飞。首飞过程非常顺利，这架 A400M 运输机从塞维利亚机场起飞，经过 3 小时 47 分的飞行，顺利返回塞维利亚并成功着陆。进行首飞时，该飞机重量为 127 吨，包括 15 吨测试设备。A400M 的最大起飞重量为 141 吨。按照计划，6 人组成的机组按照直接法则探索了飞机的飞行包线，包括广泛的速度范围，并测试了在高空中收放起落架和载货装置。机组人员在检查了飞机的着陆形态性能后，返回塞维利亚。

第七章

改变世界历史的运输机

Chap.7

这些运输机的特点是：载重能力强、起飞重量和载重量大，正常装载航程远，能空降、空投和快速装卸，主要是在大型／中型机场起降，必要时也可在野战机场起降，能实现快速部署。曾有许多运输机改变过历史。

空中火车——C-47运输机

　　C-47 运输机是美国道格拉斯公司研制的一种活塞式双发动机军用运输机。艾森豪威尔曾认为有四种武器帮助美国取得了第二次世界大战的胜利，其中就有 C-47 运输机，可见其作用。

　　20 世纪 30 年代初，出现了一种新的运输机，其代表机型有波音公司的波音 247 和道格拉斯公司的 DC-2，这种运输机采用的是全金属结构、可收放起落架、下单翼双发动机。随后，航空公司又要求设计师改善 DC-2 乘坐的舒适性，但是其他不能改，必须保留高速性和经济性。

　　接到该任务后，道格拉斯公司经过慎重考虑决定在 IK-2 的基础上进行改型设计。1935 年 12 月 17 日，改型后的旅客机完成首飞，1936 年 8 月 8 日，该机正式交付航空公司使用，并命名为 DC-3。很快 DC-3 便成

➤ C-47 运输机

为美国最重要的旅客机，第二次世界大战前美国国内航线有 322 架旅客机，其中 DC-3 就有 260 架，基本垄断了美国的航线。DC-3 的大量使用促进了航空运输大众化，因而也被很多人视为现代运输机的先行者。

1938 年，随着国际形势的变化，美国空军正式把 DC-3 列入常用军用运输机，改名为 C-47。C-47 作为 DC-3 的第一种标准军用型一共有多个型号，第一架 C-47 飞机于 1941 年 11 月出厂，12 月 23 日交付空军使用，这个型号一共生产了 965 架。第二个型号是 C-47A，一共生产了 5254 架。第三个型号是 C-47B，这个型号在原来的基础上加装了 2 级增压器，使得高空飞行性能加强，这个型号一共生产了 3364 架。第四个型号 C-47D，其实就是 C-47B 去掉增压器的改型。随着太平洋战争的爆发，美军大量地订购军用型，但是这还是不够，大量的民航在用飞机以及正在制造的运输机也都被征用了。粗略算一下，C-47 各种改型累计生产约 13000 架。

C-47 是在美国正式宣战后才大量进入军队服役的机型。为此美军还专门成立了负责军事运输的部门，其中海军空运局在珍珠港事件后几天内

成立，陆航空运司令部在 1941 年中期成立。C-47 的高机动性的空中运输能力，在第二次世界大战时得到了最好的运用，各场战役中都有它的身影，如空降诺曼底、太平洋战役、瓜达尔卡纳尔岛战役、新几内亚战事及缅甸战役都是它一展身手的舞台，第二次世界大战后，它也在发挥作用，其中柏林封锁时对西柏林的大规模空投行动依旧离不开它。

第二次世界大战中，C-47 在陆航空运司令部和英国皇家空军运输司令部的指挥下完成了一次又一次的任务，最显著的功绩是支援空中突击行动。英国空军在使用中发现 C-47 非常适合用于伞兵突击，这让英军看着以前使用的惠特利轰炸机和其他临时应急的老旧飞机一脸嫌弃。

到了第二次世界大战末期，大量的 C-47 在欧洲战事中承担空投伞兵及牵引军用滑翔机任务。另外 C-47 还是运送美军士兵回国的主要运输机。在英国及其他英联邦成员国，他们叫 C-47 为"达科塔"，在欧洲战事时又被称作"信天翁"。

让 C-47 大放异彩的是中国—印度—缅甸战场上的"驼峰"航线，1942 年 2 月，根据《租借法案》美国开始向当时的中国航空公司提供 C-47 及其改型 C-53。1942 年 5 月，支援中国抗战的美国陆军航空队空运部队和中国航空公司的 C-47 运输机，开始在中国—印度—缅甸间的"驼峰"航线上飞行。

这条航线被称为死亡航线，因为飞越这里需要面对强烈的气流、恶劣的天气、极低的温度，这对运输提出了一个大难题，更不要说还有敌机的骚扰，这对 C-47 是一个重大的考验。在一次飞行中，一架 C-47 遭到一架中岛 Ki-43 隼式战斗机攻击。因为隼式是轻武装的战斗机，而 C-47 的外壳十分坚固，日本战斗机一顿操作下来，竟然无法对其造成致命的伤害，日机飞行员为此大为恼火，决定采用自杀式攻击维护自己的尊严，驾驶着Ki-43 就撞向了 C-47。结果隼式战斗机一侧机翼被撞掉，并坠毁。而 C-47 的机舱顶部被撕开一个大口子，蹒跚返回基地。

这次飞行让人们看到，C-47 即使在严重损坏的情况下，也能实施较安全的机腹迫降，C-47 的机轮没有完全收入发动机舱，可以承受一部分冲力。另外，飞机的后三点布局非常适合在简易机场使用，粗大的主起落架轮可以自如地通过凹凸不平的地面，并且位置较高的发动机和座舱不容易被扬起的沙石击中。

C-47 作为"驼峰"航线上的主力机型，在任务期间总共运送了 59 万吨的物资。中国军队自 1944 年开始装备 C-47，抗日战争胜利后美军大批 C-47 留了下来。另外，当时的中国航空公司和中央航空公司又低价购进大批被美军认为是没用的剩余物资的 C-47 飞机。

除了在意大利、希腊和菲律宾小规模的空投外，C-47 还参与了法国南部的大规模的空降作战；荷兰安恒上空的空降行动，在这次行动中冒着敌人猛烈的防空炮火向被包围的英国伞兵空投了补给；还有著名的跨越莱茵河攻势。

跨越莱茵河的行动又叫"大学行动"，是整个第二次世界大战中规模

➤ 待机中的 C-47 运输机

➤ 飞行中的 C-47 运输机

最大的空降行动，总计投入了两个师的兵力和 1700 架运输机。参加这次行动的幸存者描述道：运输机队遮天盖日，空中充斥着降落伞。

虽然空中突击使 C-47 的名声大振，但我们不能忘记它还是一架优秀的"飞行卡车"，各种运输任务对它来说也是轻而易举的。比如：运送物资、撤离伤员、空投补给及运送缴获的 V-1 飞弹等。一些 C-47 还被用于贵宾运输机，英国王室、艾森豪威尔将军和蒙哥马利将军都是它的常客。

C-47 在使用上还有一些超乎寻常的尝试。1943 年 6 月，一架运输滑翔机由一架英国空军的 C-47 拖曳成功飞越大西洋，这次实验是为了提高跨大西洋运输能力的一次尝试，但是却没有进一步发展。盟军还试图开发一种节省开支的战场回收技术，就是用 C-47 从空降区"钩"住滑翔机并拖回基地再次使用。

1946—1947 年间，在战后成立的美国空军战略空军司令部还在用 C-47 作为主力机型。直至越战时期，C-47 还是美国空军的常用机型，包括其衍生型 AC-47 炮艇机及 EC-47 侦察机。加拿大皇家空军在 20 世纪 40—50 年代亦采用 C-47 作搜救飞机。世界各地有 97 个国家都曾经装备 C-47 系列机种。

"供应者"——C-123运输机

C-123 是美国费尔柴尔德公司研制的，是美军在第二次世界大战后装备的一种运输机，又名 C-123 "供应者"。

1949 年蔡斯飞机公司推出了全金属的 XCG-20 滑翔机。美国空军对这种金属构造的设计非常感兴趣，但是空军想要一种带发动机的版本。为了满足空军的需求，蔡斯公司为第二架原型滑翔机搭载了两台 "双黄蜂" 发动机，重新命名为 XC-123。

虽然改装顺利完成，但是改装过程也是困难重重。由于该机是在原 XCG-20 滑翔机基础上改装的，加上在设计时没有考虑油箱的位置，所以改装时只好将油箱外置，设置在引擎舱后段，在紧急情况下还可以抛掉。安装发动机后的 XCG-20 改名 XC-123，1949 年 10 月 14 日，在蔡斯公司的西特伦顿机场首飞，而没有动力的 XCG-20 反而在 1950 年 4 月 26 日才第一次升空。另一架 XCG-20 在每侧内段机翼下增加了一具喷气发动机吊

➤ C-123 运输机

舱,每个吊舱内安装两具23.13千牛静推力的通用电气J47-GE-11涡轮喷气发动机,改装后的型号为XC-123A,1951年4月21日首飞成功,试飞中最大速度达到了805千米/小时,并成为美国第一架喷气运输机。XC-123A的油箱安装在货舱载重地板之下,没有机翼油箱。美国空军通过试飞XC-123A,发现这架飞机具有很好的短场起降能力,但是发动机吊舱位置太低,容易吸入异物导致引擎损坏。这就迫使XC-123A必须在铺制跑道上起降,而限制了战术用途,并没有量产。

蔡斯XC-123顺利通过试飞,成功获得美国空军300架的大订单,在更换新型发动机(R-2800-99w)以及改用方型垂直尾翼后,定名为C-123B。首架C-123B于1953年初升空。由于蔡斯公司被凯撒·弗雷泽公司收购,美军决定将C-123B的生产合同转至费尔柴尔德公司生产。同时费尔柴尔德还接管了蔡斯已经生产的5架C-123B,并负责进一步的研发与生产。

➤ C-123 运输机

➤ C-123 运输机

费尔柴尔德在试飞 C-123B 期间，发现飞机存在方向稳定性问题，于是在新生产的机型的垂尾根部安装大型背鳍。这也是费尔柴尔德 C-123B 的生产标准和识别特征。

1954 年，生产型 C-123 进入美国空军，因为它是金属构造，所以十分坚固。同时它还具有出色的操纵性，因而很快在美国空军崭露头角。

另外，C-123 运输机还是美国空军第一种进入越南战场的运输机，这些运输机除了运送军队和货物外，其变种机型还用于喷洒落叶剂。

20 世纪 60 年代初的 K 型是对 B 型机进行重新设计，并吊挂了两台涡轮喷气式发动机后产生的，它的性能有了大幅提升，而 H/J 型的发动机则具有同样的推力，只是翼尖吊挂的是仙童 J44 涡轮喷气式发动机。

C-123 大量用于越南战争，主要进行落叶剂的喷洒，这个行动看似没啥效果，但在行动中发现，落叶剂对隐蔽的地方营地和补给站有着出其不意的作用，并成为观察被茂密植被覆盖的胡志明小道上车辆来往情况的唯一手段。美军通过落叶剂，毁坏了越南大片的森林，除了落叶剂，美军同时还对越南的稻田等农用地使用除草剂，增加越共粮食供给的难度。整个越南战争美国喷洒了大量的落叶剂和除草剂，越南有 500 万公顷的稻田和森林遭到破坏，这个面积占越南稻田、森林总面积的 1/3，给越南造成了重大的生态灾难。

"雄鸡"——安–22运输机

安–22运输机是由苏联安东诺夫设计局研制的一种远程重型涡桨军用运输机，也是人类历史上制造过的最大的涡桨飞机。主要是用来运送部队和重型军事装备，可在边远地区的简易机场起落。

安–22运输机于 1962 年开始研制，3 年后，第一架原型机试飞，1966 年投入批量生产，1967 年开始交付使用，1974 年停产，不到十年时间，共生产了 85 架，其中军用为 50 架，民用为 35 架，该机创造了多个飞行世界纪录。尽管在苏联解体以前，更为先进的伊尔–76 已经开始进入苏军服役，但苏军的主力运输机仍然是安–22。至 1992 年，仍有 45 架安–22 在空军和民航服役。

安–22 在服役的初期，可载重 80 吨的物资飞行 5000 千米。货舱容积为 639 立方米，苏联的 T-62 主战坦克也只有它才能放得下。除了可运载

➤ 安–22 运输机

T-62 坦克外，还可运载"飞毛腿"导弹、导弹运输车、简易桥梁、火箭发射车、汽车等重型军事装备。苏联曾使用安 –22 执行过多个战略空运任务，飞往西半球、非洲和中东，出兵捷克斯洛伐克和阿富汗。

安 –22 曾多次创造世界飞行纪录。1967 年 10 月 26 日，这一天创造了 14 项有效载重和高度的飞行纪录。但由于安 –22 的价格比较高及安全性也不好，导致订货不多，只生产 85 架就无奈停产了。虽然在 20 世纪 60 年代末安东诺夫设计局曾试图将安 –22 机身加长，改型成双层客舱的民用客机，载 700 名乘员，但由于技术难度大，又没有适用的大功率发动机，所以这项计划未能实现。而此时安东诺夫设计局已研制出新型安 –124 重型运输机来代替安 –22，故这个计划不了了之了。

安 –22 配备了四台库兹涅佐夫 HK-12MA 涡桨发动机，每一台功率是15000 轴马力，每台发动机对应的是一对直径为 6.4 米的四叶同轴对转螺

➤ 起飞中的安 –22 运输机

旋桨，螺旋桨在着陆时可以反方向旋转，这样能有效地缩短着陆距离。另外，它还具备在野战机场起降的能力。前起落架为双轮，每个主起落架为三组共六轮，轮胎气压可在飞行或停放时进行调节，从而适应不同的跑道条件。

苏联解体后，不少安–22运输机被废弃，大部分都被遗弃在飞机坟场或是被分解成为零件储备，仅有少部分的安–22经过修理翻新后重新飞上了蓝天。

"幼狐"——安–12运输机

安–12运输机是苏联安东诺夫设计局研制的一种四发涡桨军用运输机，又称"幼狐"，它是以安–10民用运输机为基础发展而来的，只是对后机身和机尾加以重新设计。

1956年，第一架安–12进行第一次试飞，但是在试飞的过程中却出了一点小问题，在空中检验货舱后大门的时候，打开以后竟然无法关闭。进过多次调整但还是不理想，再加上其他一些原因，设计局决定货舱不再做成密封的，改成普通样式，当然并不是所有部分都是这样，驾驶舱和紧

➤ 安–12运输机

➤ 起飞中的安 –12 运输机

接其后的可容纳 14 名乘客的中部机舱还要采取密封增压措施。1958 年，安 –12 正式交付使用，1973 年宣布停产，在这十多年的时间里，军用型号生产了 700 多架，民用型号生产了 100 多架，总计生产了约 850 架。安 –12 不仅是苏联的主力运输机，其优越的性能也受其他国家青睐，印度、波兰、埃及、叙利亚和伊拉克等 10 多个国家也喜欢这架飞机。他们加起来订购了 100 多架，但多数都是作为军事用途，只有少部分用于民用。

这里隆重介绍一下安 –12 的后舱门，这个后舱门是由 3 块铰接壁板组成，这三块铰接壁板形成一个品字，但不足的是，没有设计整体货桥。那么整体货桥有什么作用呢？比如美国的 C–130 等飞机，这些飞机有一个共同点就是，后舱门的一部分向外放下时，会形成一个货桥，车辆可以通过这个货桥直接驶进货舱，而安 –12 的货桥只能另外加上去。

作为运输机，安 –12 的货舱容量稍微有点小，仅能容纳 100 名伞兵，或 65 副伤员担架，或 2 门小型火炮加一辆拖车，或一辆中型坦克。但由于当时设计的后机舱不是密封的，所以想要用货舱运输大批兵员时，飞行高度必须把握好，不能超过 5000 米的高度。安 –12 的机身后部是平面形的，这样的设计对结构和气动都有好处。令人难以置信的是，与安 –12 同时进行研发的美国的 C–133 大型远程运输机不知如何得到这个设计，从生产的第 8 架飞机开始，C-133 就把它的后机身从锥形改成了和安 -12 一样的扁平形。

安 -12 的尾部设有炮塔和警戒雷达,并配备有 2 门 23 毫米口径的航炮。

虽然有许多缺点，但也不影响安 -12 成为一种用途广泛、使用时间较长的运输机。1965 年以后苏联和俄罗斯发生的许多重大历史事件中，都有它的身影。由于安 -12 用途广泛，所以出现了多种改型。比如：主要用于出口的军用机型是安 -12 Б П，主要用于民航运输的是安 -12 П 客货混合型。另外根据特点还有：机身下方两侧部位加装了 4 个泡形雷达整流罩的安 -12 电子情报搜集型；机头和垂尾内增加了电子设备舱，外面有整流罩的安 -12 电子对抗型；主要用于北极雪地和高寒地带，机身下装有雪上滑橇，载重性能与标准型一样的安 -12 北极运输型。

另外，安 -12 还有一个比较特别的改型，因为在苏联时期，航空设计局主要负责特种用途飞机的研制。所以各种安 -12 的改型多为军事运输机，所以只生产了一种特种用途飞机，即无线电电子系统干扰机。

"银河"——C-5运输机

C-5 运输机是由美国洛克希德公司生产的一种运输机，也是美国现役最大的战略运输机。它能够运载超大规格的货物到达全球任何地方，还可以在相对较短的距离内起飞和降落。

C-5 运输机的研制还得追溯到 19 世纪 60 年代初，当时美国空军提出"特种作战计划"，要想满足这个作战计划，就必须有很高的运输能力，为此美国空军必须要有一种载重量在 50 ~ 100 吨的、可以在简易的野战跑道上正常起降的且可以进行洲际飞行的战略运输机。虽然美国空军现役的 C-133 与 C-124 运输机可以满足这个需要，但是，这两种运输机已即将退役，而现役中的主力运输机 C-141 不能有效地胜任这项任务。C-141 因为货舱宽度与设计的因素，无法携带 7% 空降师、22% 步兵师或者是

32% 装甲师的装备,而这种差距还会随着更多重型装备配备到陆军而加剧。随着技术的发展,C-141 的机舱容许宽度会无法承受超过 1/3 的轻步兵师、超过一半的机械化师与装甲师的装备。最关键的一点是,1960 年后美国的战略重心也发生了变化,由之前纯粹的核战争转移到包含有限度的传统战争,这进一步加大了对战略运输的需求。

1961 年 10 月,美国军事空运勤务司令部无法忍受 C-133 运输机的能力,提出了设计新飞机的要求,并由空军制定了 CX-4 的设计案,但是在1962 年 8 月,陆军副参谋长发现这个设计方案和现役 C-141 的运输能力相差无几,陆军方面希望新的运输机要具备以下特点:最大载重量为 82.5吨、机舱宽度不少于 4.5 米、能够执行空投任务、能在较为简易的机场起降。根据这四项要求,空军特意将飞机起飞跑道长度要求放宽到 2424 米,但是降落距离缩短为 1212 米。

1962 年 10 月底,负责研发的空军系统司令部根据他们的研究和预测推出 CX-X 计划,这项计划想要把运输机打造成一架最先进的飞机,为此要加入许多的新科技,但是服役时间也要相应地延后,这个计划与陆军的期望背道而驰。陆军期望新的飞机是在载重 57.5 吨以下的时候可以达到9000 千米的航程,最低巡航速度 720 千米 / 时,5.3 米宽的货舱,能够以并排的方式容纳两个运输平台,并且可以从机身前后同时上下货物。1964年空军系统司令部把这项计划改名为 C-5A。

1964 年 3 月,美国空军正式发出的设计需求为使用 4 台推力约 200千牛的涡扇发动机;巡航速度不得低于 0.77 马赫;货舱前后直通,宽度5.3 米,并且可执行空投任务;能够携带 50 吨货物飞行 9900 千米,或者是 100 吨 4860 千米;最大起飞重量下最长起飞距离为 2424 米,空载起飞距离为 1212 米。

1964 年 4 月 27 日,美国军方根据这个提案开始为机身和推进系统发出招标启事,在该方案中 4 台发动机是必备的。1964 年 5 月 18 日,波音公司、通用动力公司、马丁·玛丽埃塔公司、洛克希德·乔治亚公司和道格拉斯公司参与机身的竞标;柯蒂斯·赖特公司、通用电气公司和普雷特·惠特尼公司参与发动机的竞标。1965 年底，波音、道格拉斯与洛克希德公司提交了各自的机身设计方案，通用电气公司与普雷特·惠特尼两家公司也提交了各自的高涵道比涡轮发动机设计方案。

1965 年 8 月，军方选中通用电气公司的发动机设计方案。1965 年 9 月 30 日，空军选中洛克希德机身的设计方案，C-5 最主要的部位就这样确认了。

1968 年 6 月 30 日，第一架 C-5 运输机完成试飞，在各种试飞和评估中它强大的飞行运输能力很快展示出来。一年后，C-5 运输机又以 300 吨重量降落，创下当时最高重量降落的纪录，而且降落后滑行距离只有 450 多米。不久后，它又以 380 吨重量起飞，成为有史以来起飞最重的飞机。C-5 运输机巡航速度也达到了要求，能够以 0.8 马赫的速度在 10000 米的高度飞行，后来又上升至 12000 米高度。当然如此优秀的表现使得 C-5 成为最重的空中受油机，可从 1 架 KC-135 加油机接受 50 吨油料。它还具有装载 154 吨油料，100 吨货物的能力，降落后的滑行距离仅为 360 米。

1969 年 12 月，第一架 C-5 运输机正式装备美国空军部队。1970 年 6 月，美国南卡罗来纳州查尔斯顿空军基地的第四三七空运联队成为这架 C-5 的使用者。

1970 年 9 月，在南卡罗来纳州查尔斯顿空军基地里第 1 个 C-5 运输机中队具备初始作战能力。从 1970 年开始，美国军事空运司令部先后两次订购该机，初步订购了 120 架，但是后来又缩减到 81 架，1973 年 5 月，这 81 架全部交付完毕。

1985 年 9 月，C-5 的改型 C-5B 完成首飞，第二年 1 月开始装备美空军，至 1987 年底交付 25 架，1989 年 4 月全部 50 架 C-5B 交付完毕。

那么 C-5 运输机到底好在哪里呢？我们来看一下它的构造。

C-5 运输机采用的是悬臂上单翼，其结构主要为多梁和机加挤压蒙皮壁板构造。但是这种材料强度很差，以至于后来的 C-5A 机翼大梁竟然出现了裂纹，所以到了 C-5B 型时，机翼的材质换成了新的高强度耐腐蚀铝合金。翼尖平直，机翼后沿各有 6 块条状突出物，看起来像是加固梁，给人

➤ C-5 运输机

一种非常结实的感觉。

机翼设计上还使用了静平衡铝合金副翼和经过改进的富勒式铝合金后缘襟翼。襟翼前面有简单铰接的铝合金扰流片，无配平调整片。机翼前缘内段为密封襟翼，外段为有缝襟翼。由液压伺服作动器驱动副翼和后缘襟翼。由球形螺旋制动器和扭矩管驱动富勒后缘襟翼和前缘缝翼。尾翼也采用全金属的 T 形结构，是由整块金属蒙皮壁板组成的单室盒形构件。垂尾顶部有一个反角，其前方有一个两头尖且细长的小仪器舱。由液压螺旋作动器驱动水平安定面的安装角，由液压伺服作动器驱动方向舵和升降舵。升降舵共分 4 段，方向舵分为两段，无调整片。

C-5 运输机的机身结构是半硬壳的，是由蒙皮、长桁和隔框组成。货舱为头尾直通型，其地板高度与运货卡车斗的高度差不多。所以该机既可空投货物，也可空降伞兵。

C-5 运输机的起落架采用的是液压收放式。前起落架靠液压传动的滚

➢ C-5 运输机

珠丝杠向后收起，主起落架由液压操纵转动 90 度后向内侧收起。起落架支柱都配有双重减震的油—气减震器。起落架共安装了 28 个轮胎：前起落架有 4 个，4 个主起落架有 24 个，每个主起落架有 6 个，两两排列呈三角形，主起落架后面脚轮转动可以协助飞机地面转弯。轮胎尺寸为直径49 厘米，宽度 17 ~ 20 厘米，前轮胎压 9.64 千克 / 平方厘米，主轮胎压 7.80千克 / 平方厘米，同时还加装了防滑装置。

C-5 运输机一共有四台发动机，发动机是通用电气公司生产的的涡扇发动机，每台发动机长度约 8.2 米，重 3.555 吨，最大推力为 191.2 千牛。另外，该发动机的体积非常大，光是空气进气口的直径就超过 2.6 米。这种发动机还可以提供逆推力，可以在飞机降落时提高效率，使飞机在地面的滑行距离变短。而且这 4 台发动机的发电量非常巨大。可以这样说，只用一台发动机的发电机就可以独立提供整个飞机所需的电力，4 台发电机的发电量那就更不用说了，供应 5 万人的用电轻而易举。1985 年 9 月 10日首飞的 C-5B 采用推力更大的发动机，载荷能力增加。

C-5 运输机有着超长距离飞行的能力，这和它的油箱容量密不可分。飞机共有 12 个整体油箱，燃油总容量为 194 立方米，重量高达 166 吨。这些油料可装满 6 个标准火车油罐车或 2 架 KC-135 加油机，都不再用空中加油了，由此可见 C-5 强大之处。一架 C-5 在装载 122 吨的情况下可以飞行 4000 千米，卸载后，还能飞往离第一个目的地 900 千米的地方。

另外，C-5 还装有美军特有的标准通信和导航设备，彩色显示气象雷达、3 台惯性导航设备，以及最新的多功能电子探测及其分析和记录子系统，这个系统可以同时扫描和分析 800 多个测试点，还能起到在飞行中进行故障分析、检修和记录的作用。

2002 年，美国对 C-5B 运输机电子设备进行升级，更换了新的数字式自动飞行控制系统，新的导航、通信系统和新的液晶平板显示器，还安装交通预警与防撞系统，提高了飞行的安全性。另外还装有地形感知与预警系统。同年 11 月，洛克希德·马丁航空公司为所有美国空军机队的 C-5 运输机安装了交通防撞和告警系统。安装空中防撞系统是 C-5 航空电子现代化改进计划的一个组成部分。空中防撞系统能快速地识别邻近的飞机，并向驾驶员显示避免碰撞的方案，从而有效地降低了飞机相撞的可能性。

C-5 的驾驶舱内有 6 个座位，分别是正驾驶员、副驾驶员、随机工程师、领航员和货物装卸员，驾驶舱下面的舱门可向上打开，能从前后货舱门同时装卸货物。货舱长 36 米、高 4 米、宽 6 米，飞机上有货物空投和伞兵空降设备，既可空投货物，也可空降伞兵。

运货时可装载 2 辆 M1 型坦克，或 16 辆 3 吨卡车，或 6 架 AH-64 "阿帕奇" 武装直升机，或 10 枚 "潘兴" 中程地对地导弹及其发射车辆，或 36 个标准集装货板。

C-5 运输机还是美军第一种安装空中受油管的运输机，所以可以在不着陆的情况下在世界各地飞行。由于具备空中受油能力，理论上它的航程会是无限远，只要机组人员不觉得累，它就能不停地飞。另外，它先进的起落装置可以在世界各地所有的机场起飞，即使是条件简陋的机场也没问题。

C-5 的运输能力很强，具有很高的灵活性，轮式和履带式车辆能够自行进出货舱，这样一些笨重的装备可以快速、便捷地装卸。C-5 运输机的机头罩和后舱门都可以打开，全面显露出货舱，这样便于装卸各型军事货物。货舱的两端都装有综合滚装坡道，这样两排轮式或履带车辆的进出更加便捷，而且供行驶的坡道可同时装载两排车辆。

C-5 运输机还有一个比较人性化的设计，那就是飞机的货舱地板和坡道角度可以升高或降低，可以从离地 3 米的高度降至 1 米左右，使得货舱地板与车辆高度相当，减小轮式和履带式车辆的装卸难度，让装载货物变得简单。

C-5 运输机的货舱地板都安装滚轮系统，便于快速装卸货盘。货盘滚轮、导轨和刹车是它整体地板的一部分，不使用时可以折叠起来，使地板保持水平状态。

C-5 的地板轴承的压力与整个地板压力一致，因此不需要使用车辙桥或经过特殊处理。C-5 还能进行空投，其后舱门用来空投车辆和各种设备。机身两侧的门用于空降伞兵。

C-5 运输机几乎可以运输美军的所有的战斗装备，包括主战坦克、直升机和陆军 74 吨重移动剪式桥梁，从美国运输到全球任何一个战场。

1970 年 C-5 开始交付后，驻扎在俄克拉何马阿尔特斯空军基地、特拉华州多佛空军基地以及加利福尼亚州特拉维斯空军基地的美国空军很快便装备了这种性能强大的运输机。1985 年，AMC 将一些 C-5 转移至空军储备组成单位，开始是得克萨斯州凯利空军基地，随后是纽约州斯图尔特国民警卫队空军基地和马萨诸塞州韦斯托弗空军储备基地。

1970 年 11 月后，美国空军开始开展空投试验，最开始在模拟条件下使用 C-5 运输机。1971 年春天，C-5 运输机第一次完成 20 吨货物空投任务。此后不久，C-5 运输机以 240 千米 / 时的飞行速度在 610 米高空中空投了73 名伞兵。另一个重要进展是 C-5 运输机在飞行中依次空投 4 个 20 吨货盘。在 20 世纪 80 年代，也只有 C-5 运输机才能够做到。空投试验于 1971 年的 8 月正式完成，试验证明 C-5 有着强大的货物和伞兵空投能力。

1972 年 5 月 11 日，C-5 取得新成就，当时 1 架 C-5 运输机从日本冲绳嘉手纳空军基地起飞，未经空中加油，连续飞行 12905 千米，最后成功降落在美国南卡罗来纳州的查尔斯顿空军基地。这次飞行创下了 C-5 运

➢ C-5 运输机

输机不着陆飞行距离新纪录，总飞行时间为 16 小时 5 分钟，地速为 848
千米 / 时。

"环球霸王"——C-17运输机

　　C-17 是美国在 1981 年开始研制的一种大型运输机，是由著名的波音
公司负责研制的，同时也是当今世界上唯一一种可以同时适应战略、战术
任务的运输机。

　　1980 年以前，美国空军的运输机队是由 C-5、C-141 和 C-130 三种
运输机组成的。在执行全球物资运输的任务时，这三种运输机是这样分工
的，先由 C-5 负责大洲之间的远程战略空运，也就是把物资从这个洲送
到另一个洲；接着再换成 C-141，把物资运输到战场的后方基地，最后再
由 C-130 把物资运输到前线。

这种物资运输方式看似分工明确，但是有很大的缺点：体系烦琐，用时长，需要更多的前进基地。而当时的美国正赶上战争和自然灾害比较频繁的时期，需要运送数以万计的军队前往全球各地执行任务，屋漏偏逢连阴雨，当时美国主力运输机是 1964 年开始服役的，由洛克希德为空军机动司令部设计制造的 C-141 星式运输机，一共 265 架，这些飞机由于繁重的训练任务和频繁的飞行次数，导致磨损严重，尤其是机翼下部的蒙皮，这也使得这种运输机的服役寿命缩短，乃至提前结束，另外，机翼主梁和驾驶舱窗户框缘出现了裂纹，如果继续服役会越来越危险。

1980 年 2 月，美国空军提出了战略运输机的需求草案，10 月出台了正式文件，文件指出新的运输机的最终目的是取代 C-141 担负起战略运输任务。文件对新的运输机提出了这样的要求：必须具备和 C-130 一样的短距离起降能力；在满载的情况下，能在 2438 米长的跑道上起飞，915 米长的跑道上降落且航程不低于 4443 千米；机身可以放下如 M1 主战坦克一样的大型装备；飞机的机动性要好，能随意在拥挤的停机坪进出；飞机能在满载及 2/5 燃油的情况下，在 2% 的斜坡上后退。

根据这个要求，不久后波音和洛克希德提出了自己的设计方案，波音的设计方案是 3 发动机运输机，洛克希德设计的设计方案是与 C-141 差不多外形的机型。1981 年 8 月 28 日，美国空军正式宣布波音为中标者，因为波音在提交方案的时候还提交了一架货舱加驾驶舱的全尺寸模型，这架模型吸引了空军的高度关注，中标也就自然而然了。

1984 年 9 月 11 日，美国空军对飞机货舱进行为期 10 天的装载测试。为了测试的实用性，根据陆军和海军陆战队的使用需求，特意派出一位现役的运输机装载长负责测试。1985 年 12 月，波音获得大量经费，C-17 正式进入全尺寸发展阶段，首要目标是制造一架原型机和五架测试机。但是制造过程却是一波三折。1991 年 9 月 15 日，C-17 原型机终于出厂完成首飞。

1992 年 5 月 18 日，第一架生产型飞机也飞上蓝天。随着试飞结束，几经波折的 C-17 转入批量生产。1993 年 2 月 5 日，美国空军给 C-17 起了个新名字"环球霸王Ⅲ",为什么叫这个名字呢?因为在20世纪40年代末期,道格拉斯公司生产了C-74与C-124分别被称为环球霸王Ⅰ和环球霸王Ⅱ,起名"环球霸王Ⅲ"也许是为了让该机延续他们的辉煌。

下面来介绍一下C-17的特点。

C-17长度为53米,高度为16.8米,翼展51.81米,外形尺寸与C-141相当。最大起飞重量263吨。另外,C-17的先进复合材料结构和翼梢小翼技术沿用了DC-10的设计。

C-17采用和其他大型运输机一样的常规布局。机翼为前缘后掠角为25度、高度为2.90米的悬臂上单翼,以及T型垂直尾翼。这个垂直尾翼有个特殊的设计,就是在内部设计了一个类似隧道的空间,这样如果有什么问题,维修人员可以进入该空间,对上方水平尾翼进行维修。

C-17的起落架是液压可收放前三点起落架,起落架有这样一个优点,能靠重力应急自由放下。前起落架为双轮,主起落架为6轮。前起落架可以从前面收到机身里,主起落架可以旋转90度收入机身两侧整流罩内。主起落架除了配备了传统的油气压式减震支柱外,还采用了前后双支柱配置,每根支柱配有三个主轮,降落时先是后方较长的减震支柱三个主轮着地,当支柱受压成90度的时候,前方的减震支柱三个主轮再落地。

C-17还有一项特别之处:就是如果有需要,可在未整修的路面上紧急降落,试飞员曾说过:"C-17可以像战斗机一样落地,因此起落架必须坚固与耐震。"

在动力方面,C-17安装四具普惠的PW2040涡轮风扇发动机,是以悬吊式挂架的方式挂于机翼的前下方。这款发动机的前身是普惠公司于1979年12月研发的一种推力约为170千牛的发动机,早期型号为PW2037。1988年普惠公司对发动机做了动力提升,提升后的推力加大到了185千牛,并赋予新的型号PW2040。在这里不得不提的是。当1988年12月军方允许C-17使用这款发动机的时候,这款发动机已有数百万小时的飞行经验,且获得了可靠耐用的好评,由发动机的选用可见军方的慎重。

这款发动机还有一定的反向推力,为了在使用时不吹起地面的砂石与

➤ C-17 运输机

尘土，当启动反向推力的时候，发动机的排气会被导向前上方45度。另外，发动机运转时，卸货或是一些地面工作可以正常进行。反向推力装置也让C-17具备一项新的地面操作功能，可以在27.4米宽的跑道上进行180度的回转。另外，反向推力装置在飞机静止时也可以启动，不会产生发动机过热的现象。

C-17的机组人员设置为3人，分别是正驾驶员、副驾驶员和货物装卸员，且驾驶舱只设置4个座位。之所以只配备了如此少的驾驶人员，是因为C-17的座舱配备了先进数字式航空电子系统，这个系统可以集中显示各种信息，不需要驾驶员负担更多的工作。

另外，C-17运输机还装有德尔科电子公司生产的电子操纵系统和任务计算机，汉尼韦尔公司生产的自动测试设备和辅助系统、数据采集和控制系统，汉密尔顿标准公司生产的飞机和发动机数据管理系统计算机，特列丰尼克公司生产的无线电管理系统。除了正常的飞行信息外，还可以显示飞机各系统的状态、必要的应急程序和常规的检查项目表等。通过上面可知，C-17 是集战略和战术空运能力于一身的机型。

在货舱设计上，虽然 C-17 在外形和 C-141 差不多大小，但是其货舱尺寸却天差地别。C-17 的货舱宽度为 5.49 米、长 26.82 米、高 4.11 米。货车可以 2 辆并列、吉普车可 3 辆并列，也可装下 3 架 AH-64 武装直升机。各种被空运的车辆可直接开入舱内。机舱中心线和机舱两壁可装折叠式座椅。可以空投 27215 ～ 49895 千克的货物，或空降 102 名伞兵。货舱地板由铝合金纵梁加强，达到了 60 吨的最高承载能力，可以满足陆军最重的装备——55 吨重的 M1 主战坦克的运输。

C-17 的地板上还布置了系留环、导轨、滚珠、滚棒系统等主要设施，而且这些设施一直延伸到飞行中放下的货桥上，货桥上有货物降落伞拽出装置，每个系留环可承受约 11 千牛的拉力。令人惊奇的是一般的运输机舱门通常只能堆放轻的货物，而 C-17 货舱门在关闭时，还可以承受 18.15 吨的货物，这相当于是 C-130 全机的装载量。为了方便空降，机身尾部的两侧各有一个跳伞舱门。另外，尾部和机翼前的机身顶上还有 4 个

➤ C-17 运输机驾驶舱

➤ 执行任务中的 C-17 运输机

水上降落应急出口。

C-17 的服役情况如下：

（1）美国空军

1991 年 8 月，美国空军成立第一个 C-17 运输机中队——第十七中队。1993 年 5 月，第十七中队接收第一架 C-17。

2002 年初，美国与波音公司签订了 60 架 C-17S 运输机订购合同。但因为美军的谨慎，先对空军运输机的商业化运作做了可行性研究，所以合同暂时没有签署。

2002 年 8 月，波音公司获得国防部生产 60 架 C-17 运输机的订单，在 2008 年以前交付。2006 年 12 月，美国空军给予波音公司一份采购 10 架 C-17 飞机的合同。2009 年 2 月，美国空军与波音公司签署了购买 15 架 C-17 "环球霸王 Ⅲ" 战略运输机的合同。同年，美国国会与空军几经讨论，决定封顶购买 223 架 C-17 运输机，2013 年 9 月 12 日交付完成后暂停波音对美国空军的生产线。2014 年 4 月 7 日，波音正式停产并关闭 C-17 生产线。

（2）英国皇家空军

作为美国的坚定盟友，英国皇家空军是 C-17 第一家外国客户。但英国不知道怎么想的，并没有打算购买 C-17，而是采用租用方式，租期 7 年，这种方式比较罕见。合同中还有以往军用采购中所罕见的条款，合同明确规定，如果英国损失了 C-17，不论任何原因都要对波音公司进行赔偿。英国将这些租用的 C-17 布署在英国最大的作战基地——布莱兹诺顿。这个基地有能容纳 5 架 C-17 飞机的巨大机库。作为与波音和空军签订合同的一部分，波音还负责了英军第一批 4 名飞行员和 4 名装卸长的模拟作战飞行培训。2001 年 6 月 28 日，波音公司向英国政府交付了首批 4 架中的 2 架 C-17。2010 年 11 月 16 日，第 7 架 C-17 "环球霸王Ⅲ"运输机向英国交付。"第 7 架 C-17 加入机队是一个里程碑的标志，增强了全球行动的支援能力，特别是针对阿富汗等区域。"英国国防部军械后勤次长说道，"到明年 5 月，将迎来首架 C-17 交付英国皇家空军的 10 周年纪念。"英国 C-17 机队已经完成 60000 个飞行小时，在巴基斯坦、海地以及智利发生重大灾难事故后都参与了救援工作。

2012 年 2 月，最后一架 C-17 交付英国皇家空军。

（3）印度空军

2009 年 11 月印度国防部购买了美国生产的 C-17，却没有购买价格比 C-17 低三分之二的伊尔 -76，这是不可思议的一件事。随后，印度国防部公布了放弃采购伊尔 -76 而采购与 C-17 的原因。印度方面认为，C-17 维护起来更容易和简便，而且可以在简陋的跑道上起降，与 C-17 相比，伊尔 -76 需要质量更高的跑道。在印度空军现代化改造计划框架内，印度国防部与波音公司签订了采购 10 架 C-17 的合同，这项交易成为波音公司与印度的第二重大交易。2013 年 6 月 12 日，波音公司把第一架 C-17 交付给印度空军。2013 年 11 月 22 日，第 5 架 C-17 从美国长滩起飞，飞往印度新德里附近的印度空军基地。印度自从 2013 年 7 月获得第一架 C-17 以后，波音公司仅仅用几个月就完成第 5 架 C-17 运输机。

（4）加拿大空军

2006 年 6 月，加拿大宣布采购新的军用货运机，其中包括 4 架 C-17、17 架洛克希德·马丁公司 C-130J 和一批中型运输直升机。2007 年 7 月，波音公司宣布，按计划预定 8 月 8 日交付的加拿大国防军的 4 架 C-17 "环球霸王 Ⅲ" 运输机之首架飞机已于 7 月 23 日进行了第一次飞行。

2015 年 3 月 30 日，加拿大空军订购的第五架 CC-177 "环球霸王 Ⅲ" 战略运输机正式加入加拿大空军服役。CC-177 是美国 C-17 战略运输机在加拿大的型号。第一个 C 代表加拿大，为了和美军区分，编号改为 CC-177。

（5）卡塔尔空军

2008 年 7 月 11 日，美国国防部合作局宣布卡塔尔正式提出后勤保障、培训和有关设备及服务的需要，计划采购 C-17 "环球霸王 Ⅲ" 飞机。2009 年 8 月，波音公司在其位于长滩的工厂内举行典礼向卡塔尔空军交付首架 C-17。2012 年 12 月 10 日，第四架也是最后一架 C-17 交付卡塔尔。

（6）阿联酋空军

2010 年 1 月 7 日，波音公司与阿拉伯联合酋长国空军签署合约，阿拉伯联合酋长国将购买波音 C-17 型军事运输机。2011 年 5 月 10 日，美国波音公司在加利福尼亚州长滩市向阿拉伯联合酋长国交付了首批共 6 架 C-17 运输机。波音公司透露，这些飞机由波音设在长滩的工厂制造，阿联酋总共订购了 11 架，2011 年 7 月前再交付 3 架，2012 年将交付 2 架。

阿联酋方面表示，这些飞机将用于执行人道主义救灾任务。

"长翅膀的大炮"——伊尔-76运输机

伊尔-76 运输机，是 20 世纪 70 年代苏联伊留申航空集团（现俄罗斯联合航空制造公司下属）设计制造的四发大型军民两用战略运输机。

20 世纪 60 年代末期，由于苏联空运主力机型安-12 已经明显跟不上时代的需求，和美国的 C-141 相比，显得载重小且航程不足，苏联为了提高其军事空运能力，决定研制一种新型重型运输机。设计要求：能够在 6 小时内运载超过 40 吨的货物飞行超过 5000 千米；也可以在设备不全或设施简单的机场起飞（苏联境内多数机场设施比较简单）；由于苏联国土跨度很大，所以飞机要克服各种气候因素，主要是要克服近极地地区（如西伯利亚）的严寒气候和高加索地区气温多变的环境。在定好了这些条件后，伊留申设计局就开始了对飞机的设计研究。

1971 年 3 月 25 日，第一架伊尔 -76 原型机在莫斯科中央机场完成试飞，5 月 27 日，第二十九届巴黎国际航空博览会举办，苏联在展会上公开展出这一机型。

1974 年由苏联空军航空运输司令部对伊尔 -76 原型机进行验收鉴定，经对比，伊尔 -76 的起落架和发动机设计比 C-141 还要优秀，鉴定结果认为达到要求。但是出于谨慎，又进行了多次试飞，一直持续到 1975 年才结束，然后才开始批量生产并交付部队和民航。

到了 1992 年初，伊尔 -76 以年产 50 架以上的速度，已经生产了 700 多架，可以说伊尔 -76 的产量在所有大型军用运输机中是首屈一指的，甚至其他全部机型之总产量也没有它多。

伊尔 -76 机身采用的是全金属半硬壳结构，截面基本呈圆形，这一点与安 -124 不同。机头部位是尖锥形的设计。机头最前部为领航舱，上面安装了大量的观察窗，观察窗下是圆形雷达天线罩。机翼是全金属多梁破损安全结构，包括一段中央翼板、两段内翼壁板、两段外翼壁板。副翼是静态质量平衡式设计，有两段三缝后缘襟翼，一共装有 16 个扰流片。整个机翼共有 10 段前缘缝翼。前机身有两扇舱门，后机身底部有两扇蚌壳式舱门，向下开的中间壁板可作为货桥，货舱内置了大型伸缩装卸跳板。

伊尔 -76 的动力装置为 4 台索洛维耶夫设计局生产的 D-301M 涡扇发动机，每一台的推力 117.6 千牛。每台发动机都装有蚌壳式反推力装置。油箱位于内翼和外翼前后梁之间，为整体油箱，总燃油量 81830 升。机尾部分还装有炮塔。军用型机翼下有 4 个外挂点，每个可挂 500 千克炸弹、照明弹、标志弹。伊尔–76在稍加改装后还可以作为飞行医院使用。机上装有自动飞行操纵系统和自动着陆系统等全天候昼夜起飞着陆设备。机头雷达罩内装有大型气象和地面图形雷达。还装有电子对抗设备，包括雷达告警接收机、箔条红外诱饵发射装置、外挂电子对抗吊舱。大多数伊尔–76的改进型上装有雷达瞄准的2门23mm自卫火炮。

为了战备需要，许多民用的伊尔–76上也有这一火炮系统，可以在需要的时候，快速把民用的伊尔–76切换成军用模式。伊尔–76装有低压起落架系统，以及能在起降阶段低速飞行时提供更大升力的前后襟翼，这样可以在粗糙的前线机场跑道起降。为了方便装卸工作，机内装有必备的装卸设备，如绞车、舱顶吊车、导轨等。起落方面，该机装备了液压可收放前三点式多轮低压轮胎起落架。共有20个机轮，前起落架为两对机轮，有油气减震器，轮胎可以向前收入机身内。两个主起落架各有4个机轮，可以绕支柱转动，使机轮轴与机身轴线平行，收到机身两侧的整流罩内，收入后机轮仍保持垂直且与飞行方向成90度。轮胎装有胎压调节系统，飞行中可在一定范围内调节所需要的胎压。

但是，唯一美中不足的是由于设计时的各种局限，伊尔–76的货舱宽度不是很大，以至于苏军主战坦克必须拆除侧裙板才能装进货舱内，这显然是极为不方便的，而且该机载重也不是很大。在后期的改进型伊尔–76МФ上这些缺点得到了改进。2008年1月，俄罗斯空军负责武器装备的副总司令亚历山大·帕夫洛夫对记者宣布，经现代化改造的伊尔–76МФ军用运输机计划在2009年完成国家联合试验，2010年可以装备俄罗斯空军。

伊尔–76曾发生过很多空难事件，下面我们来看一下。

1996年8月12日，伊尔–76的民用机在贝尔格莱德降落时坠毁，造成12人死亡。

1996年11月12日，哈萨克斯坦斯坦航空1907号班机和刚在英迪拉·甘地国际机场起飞的沙特阿拉伯航空763号班机在新德里附近的哈里亚纳邦查基达里上空相撞，两航机上合计共349人全部罹难，是航空史上最严重

➤ 伊尔 -76 运输机

的空中相撞空难。

2004 年 5 月 18 日，一架属阿塞拜疆的伊尔 -76，在乌鲁木齐起飞时遭遇风切变坠毁，7 名机组人员遇难。

2005 年 11 月 11 日，一架属巴基斯坦的伊尔 -76，在阿富汗喀布尔西北 30 千米撞山。

2007 年 3 月 27 日，一架伊尔 -76 在索马里被地对空导弹击落。

2014 年 6 月 14 日，一架乌克兰军的伊尔 -76 在卢甘斯克载着准备轮调的部队降落时，被大口径武器击落，机上 49 人无一幸免。

2016 年 7 月 1 日，一架"伊尔 -76"参与森林灭火时与地面失去联系，7 月 3 日，俄罗斯伊尔库茨克失联飞机坠毁现场，残骸烧得只剩机尾，机上 10 人全部遇难。

➤ 我国进口的伊尔-76运输机

第八章

运输机与战争

在世界所有的战争中，我们几乎都能看到运输机的身影，运输机的空运、空降行动，对支援地面作战乃至对扭转整个战场局势有着举足轻重的重要作用。

Chap.8

柏林空运事件

"柏林空运事件"是人类空运史上独一无二的一次运输事件。它的成功也不是偶然的。

1948年6月24日，苏联为了在与盟军的竞争中取得话语权，迅速采取军事行动，全面封锁了通往西柏林的的公路、水路和地下铁路等通道，顿时，这个需要依靠东德的地面通道维持与西方世界经济联系，从而得以

➢ 柏林的孩子正翘首仰望空运飞机

运转的西柏林，变成了一座孤岛。

面对苏联的军事封锁和威胁，驻扎在西柏林的盟军无法撤退。难道只能放弃西柏林这块飞地？盟军没有以武力打开东德的地面通道，因为战争刚结束不久，不想让全世界再次爆发世界大战。经过慎重考虑，就在苏联对西柏林执行封锁的两天后，他们迅速做出了一个重要决定，英美两国联合起来，以空中运输的方式，从外部向西柏林输送食物、衣物、燃料以及一切所需的生活物资。

1948 年 6 月 25 日，就在西柏林被封锁的次日，英国皇家空军的飞机就飞抵到西柏林，为那里的驻军运送了紧急物资。但是光靠英国的运输机是不够的，三天后，美国驻欧洲空军指挥部迅速从阿拉斯加、加勒比海和夏威夷调集了大量的运输机加入到运送队列。同日，美、英两国第一批空运生活物资运抵西柏林，人类史上前所未有的空运壮举大幕就此拉开。

但是此时的西柏林还没从第二次世界大战的废墟中走出，疲惫、衰弱、生产力低下是目前面临的困境，除了水可以自给自足外，其他都需要外部提供。西柏林市区有 220 万居民，每天需要至少 4500 吨物资以维持基本生存。这是一个巨大的难题，要想解决他们生存的难题，美英两国空军必须不停地往返西柏林为他们输送物资，几乎可以想象的一切物资都需要空运进去，哪怕是一张纸、一支笔。

大量飞机的进出，起降成了一个新问题，为了缓解场地紧张的问题，西柏林仅仅用了 3 个月的时间，就建成了一座新机场——特加尔机场。并于两个月后正式投入使用。同时还开辟了水上机场，除了新建的西柏林机场和水上机场，西德境内的另外十一个机场也全力以赴投入了空运任务。

就这样，一批又一批的物资源源不断地运往西柏林，空运的总量也随着时间而越来越多，最开始每天的运输量为 2000 吨，后来逐渐增加到 4000 吨，接着是 8000 吨，最后增加到 12000 吨。这个运输量超过了封锁前的地面运输量。

面对如此大的运输量，在从西德法兰克福机场到西柏林的空中，盟军特意开辟了上下重叠的 5 层飞行路线，而相邻的飞行路线之间的距离，仅有 500 英尺。在运输高峰期，飞机需要 24 小时不间断运输，以致西柏林上空的飞机声轰鸣不断，毫不夸张地说，每一分钟就有一架飞机降落到西柏林。如此巨大的运输，花费也是是巨大的，面对如此消耗，英美没有妥协。就这样，这次的空运奇观一直持续了 11 个月，直到 1949 年 5 月，苏联解除地面封锁以后才结束。

这十一个月的空运被载入了史册，统计数据令人难以想象，平均每天飞往西柏林的运输机数量：599 架；这次空运的运输机每天的耗油总量：60 万加仑；运抵西柏林的物资总量：2326000 多吨；这些物资运输的耗资总量：224 亿美元；美英两国空军在飞行运输中共有 7 架飞机失事，牺牲机组人员 70 名。

关于这次空运的细节，有一个关于糖果的故事：英、美两国的空军后勤部面对繁重运输任务的巨大压力，无暇顾及西德成千上万儿童对糖果的渴望。有一次，一名担任运输任务的美国飞行员霍尔沃森，在西柏林机场降落后，在机场附近看到两个小孩，它随手把兜里的两个泡泡糖给了孩子们，他发现收到泡泡糖的孩子们非常兴奋，连着向他说着感激的话，这让他十分感慨。于是他向孩子们保证，下回他再来的时候，一定带更多的泡泡糖给他们。为了能让附近的所有孩子都能及时赶到机场，分到泡泡糖，他让孩子们注意观察天空，在众多抵达机场上空的飞机中摇晃飞机翅膀的那一架就是他驾驶的飞机。第二天，霍尔沃森兑现了他的诺言，他从摇曳着机翼的飞机上，空投下了用手绢包好的一大包糖。霍尔沃森也因此被孩子称呼为"摇翅膀叔叔"。美国的新闻媒体报道了"摇翅膀叔叔"的故事，故事激发了学校里的美国孩子对西柏林孩子的同情。从那时起，全美的孩子们展开了为西柏林儿童收集、积攒糖果的活动。

直到今天，那些曾经经历过被封锁、被孤立的西柏林人，依旧对美国有着深厚的感激之情。在 1998 年的柏林空运 50 周年的纪念年中，德国各地展开了各种大型庆祝活动。人们用花环把耸立在柏林市区的柏林空运纪念碑装饰起来。当年空运的主要起飞机场法兰克福机场，当年为空运而建的特加尔机场和柏林加图机场均开放历史展览；德国青年交响乐团为此还编排了题为"感谢你,美国"的音乐会,来到美国做巡回演出。而美国PBS电视台也制作了一小时的柏林空运专题节目来纪念这个伟大历史时刻。

驼峰行动

"驼峰行动"是指二战期间,中美两国为了抗击日本法西斯侵略,保障中国战略物资运输,共同在中国西南山区开辟的空中通道。它是两国飞行人员共同创造的世界航空史上的英雄壮举。

1941年12月8日,日军发动了太平洋战争,一路指向珍珠港,一路指向东南亚。1942年5月,进攻东南亚的日军由泰国北上攻陷缅甸以及中国云南怒江以西地区,滇缅路——中国最后一条国际交通线被切断了。

滇缅路的切断导致援助物资无法运进来,为此中国打算开辟一条新的交通线——西北陆路国际交通线,将美英援华物资经波斯湾运到苏联中亚阿拉木图,再经新疆运到中国内地,但因各种原因,计划最终破灭了。于是,开辟一条从印度到中国的空中国际运输线成了唯一选择,这就是——驼峰航线。美国参加驼峰空运,既为中国军队提供了急需的战略物资,也可以保障美国驻华航空部队——"飞虎队"的安全。

驼峰航线是指从印度东北部阿萨姆邦的汀江等地至中国昆明的航线,这段距离长度约800千米,至重庆约1200千米。开辟驼峰航线的"先头部队"是中美合营的中国航空公司。为了确定这条航线的可行性,在珍珠港事件爆发之前的半个月,中国航空公司就已经试飞驼峰航线成功。但当时中国的空运力量薄弱,只有一个拥有十几架运输机的航空公司。所以担任驼峰空运的主力是美军的飞虎队。

1942年3月21日,美国空运队正式成立了,使用从泛美航空公司拨来的25架运输机,担任中缅印之间的空运。到10月,美国空运队的运输机已增加到75架。

1942年12月1日,美国陆军运输队接替了美国空运队的工作。到

1944 年 11 月，参加驼峰空运的美军官兵有 22521 人，1945 年 6 月达到 33938 人。美国陆军驻印度的第十航空队、驻华飞虎队则担任打击驻缅甸等地的日军航空队、保卫"驼峰航线"的任务。

驼峰航线的运输机五花八门，有 DC-3、C-53、C-47、C-46 等，其中 C-47 和 C-46 最多，也就是这些飞机扛起了这条航线的运输任务。

当然驼峰行动不是一帆风顺的，早期的运输机数量非常少，机场、通信、导航等基础设施也跟不上。而这条航线降雨比较多，印度阿萨姆、中国云南等地机场常常被洪水淹没导致无法使用。而且在运输中还要受到强大的日军航空兵的袭击，日军为了阻止物资运输，不时地攻击驼峰航线上的运输机和机场。种种因素也导致最初的运输量很小。从 1942 年 5 到 1942 年 7 月，3 个月时间里的空运量只有 259 吨。1942 年驼峰航线全年的运输量仅为 4732 吨。

如此低的运输量简直是杯水车薪，根本起不到作用，提高运输量迫在眉睫。为此，中美双方做出了巨大努力，中国政府动员了几十万劳工前往云南修建机场，美国也在印度当地雇佣数万名印度劳工参加机场修建。当然，这些只是地面保障，日军的空中威胁才是最致命的，为此，飞虎队的

➤ 执行驼峰航线飞行任务的飞虎队运输机

陈纳德向美国总统罗斯福提出建议：增强驻华美军航空兵实力，保证驼峰空运的安全、这样美国才能以中国为基地轰炸日本本土及西南太平洋日军交通线，以达到美军在太平洋战场作战及最后反攻日本的必要条件，这个建议获得罗斯福的认同。

1943 年 1 月，在摩洛哥的卡萨布兰卡，罗斯福与丘吉尔举行会议，决定在不影响欧洲战场的前提下，反攻缅甸的日军，为此罗斯福要求陈纳德的飞虎队从中国直接攻击日本及其运输线，牵制日军的支援。3 月，罗斯福把飞虎队扩编为第十四航空队，由陈纳德任少将司令，有独立的指挥权，并增加运输机的数量，达到 500 架飞机，驼峰空运的任务每月增加到 1 万吨。5 月 12—25 日，美英在华盛顿举行代号为"三叉戟"的会议，陈纳德和中国代表宋子文参加了这次会议。会议期间，罗斯福做了如下决定：自 7 月 1 日起，中印空运加至每月 7000 吨，其中 4700 吨应交陈纳德空军使用，2000 吨供应陆军，其余的 300 吨也归空军；9 月 1 日起，每月中印空运应增加到 1 万吨，已由韦洛将军督促修筑阿萨姆机场，限期完成；5、6 月的中印空运，除每月以 500 吨供应陆军外，其余全数分配给空军。这是一种偏爱空军的分配办法。1943 年 8 月初，原美国陆军航空兵参谋长乔治·斯特拉特迈耶少将到达印度，负责协调和指挥驻印的第十航空队和驻华第十四航空队，并奉命尽快供应第十四航空队所需的作战物资。自从斯特拉特迈耶来后，驼峰空运量大大提高。

1943 年 9 月，驼峰航线上的中美运输机共有 248 架，空运量为 6332 吨。到 12 月，仅美国陆军运输队的运送量就达到了 12590 吨，远远超过了罗斯福总统关于每月运输 10000 吨的要求。1944 年驼峰全年的空运量更是达到 231219 吨，平均每月将近 20000 吨，其中 11 月空运量最高，达到 34914 吨。1945 年，美国陆军运输队的运输机达到 600 多架，中国航空公司飞机超过 30 架。1945 年前三个季度，通过驼峰航线运入昆明的物资达到 435546 吨，平均每月将近 50000 吨，其中 7 月份空运量最高，达到 66860 吨。从 1942—1945 年，驼峰航线空的运输量约 780674 吨，其中美军运输了 736374 吨，中国航空公司运输了 44300 吨。

虽然驼峰航线物资运输量很大，但是大部分物资是供应驻华美军的，分配给中国的不多。如 1944 年驼峰空运量 231219 吨，其中分配给美军第十四航空队的物资占 54%，大约 125146 吨，分配给驻成都的美军第二十航空队及其他美军的物资占 33%，大约 76824 吨；而分配给中国军队的物资只占 13%，仅为 2924 吨。当然，美军第十四航空队也不是摆设，他们负责在中国战场对付日军的航空兵，直接配合中国军队的军事行动，可以说，中日的大型战役中都有第十四航空队的身影，正因为驼峰航线运来的大量作战物资，从 1943 年年底开始，中国战场的制空权逐步被中美空军夺得，这极大地鼓舞了中国的民心士气，因此，这种不公平的分配模式并不影响驼峰航线在中国抗日战争所发挥的重要作用。

驼峰航线是一条需要飞越海拔 3000 ~ 6000 米、冰雪覆盖的崇山峻岭的航线，这是一条飞行高度大、气候条件恶劣、最为艰险的空运线，可以载入世界航空史和军事空运史的路线。西南季风、暴雨、强气流、低气压和经常遇到的冰雹、霜冻是"家常便饭"，飞机在飞行中坠毁和撞山也时有发生。航线所经过的大多数地区的地形崎岖，山势陡峭，峡谷幽深，河流湍急，如果在飞行途中飞机出现机械故障，想寻找一块紧急迫降地几乎不可能，而且这里是荒无人烟、毒蛇野兽出没的深山野林，飞行人员即使跳伞，也难以生还。在 1942 年 5 月至 1945 年 9 月的 3 年零 4 个月的时间里，中美飞机共坠毁 609 架，平均每月损失 15 架，有 1500 多名飞行员在运输中牺牲和失踪。